조향마스터

Parfumeur Masterclass

구민사

최선화
서경대학교 뷰티테라피 & 메이크업학과 교수
한국화장품전문가협회 대외협력분과 대표

김규랑
전남과학대학교 뷰티미용과 초빙교수

정예진
경북대학교 임상병리과

조향마스터

초판인쇄 | 2023년 8월 20일
초판발행 | 2023년 8월 31일

저 자 | 최선화 · 김규랑 · 정예진
발 행 인 | 조규백
발 행 처 | 도서출판 구민사

전 화 | (02) 701-7421(~2)
팩 스 | (02) 3273-9642
홈페이지 | www.kuhminsa.co.kr

신고번호 | 제2012-000055호(1980년 2월 4일)
I S B N | 979-11-6875-264-1 (93590)

정 가 | 25,000원

PREFACE

향기는 인류의 문화와 연결되어 있다. 고대로부터 향기는 종교적인 의식, 의례, 의료적인 용도 그리고 미용 용도로 사용되어 왔다.

고대 이집트 문명에서는 향기를 신성한 것으로 여겼으며, 묘지에서 쓰이는 방향제 그리고 미라 보존을 위해 시더우드, 유향(프랑킨센스), 몰약(미르)의 향료가 사용되었고, 고대 이집트 문명에서는 향기를 신성한 것으로 여겼으며, 묘지에서 쓰이는 방향제 그리고 미라 보존을 위해 시더우드, 유향(프랑킨센스), 몰약(미르)의 향료가 사용되었다.

"향료"는 음식, 의료, 화장품, 향수 등 다양한 용도로 사용되는 물질로서 우리가 일상생활에서 맡을 수 있는 향기(긍정적)나 냄새(부정적)를 의미하는 것이다, 향료는 다양한 자연물과 식물에서 추출되거나 가공(합성)되어 얻어지고, 이는 역사와 문화에 따라 다양한 방법으로 사용되어 왔다. 오늘날에도 여전히 향료는 향수, 화장품, 캔들, 고급 음식 등에서 다양하게 사용되며, 인간의 후각과 미각을 만족시키는 중요한 감각적인 요소 중 하나이다.

이 책은 조향 마스터를 꿈꾸는 대학생 및 일반인들이 조향에 대해서 이해하기 쉽도록 구성하였다.
이 책의 구성은 다음과 같다.

1장에서는 향료의 어원 및 역사에 대해서 설명하였다.

2장에서는 향의 정의 및 기능에 대해서 설명하였다.

3장에서는 향의 구조에 대해서 설명하였다.

4장에서는 조향사의 구분 및 역할에 대해서 설명하였다.

5장에서는 향료의 구분에 대해서 설명하였다.

6장에서는 조향 용어에 대해서 설명하였다.

7장에서는 향의 안전성과 안정성에 대해서 설명하였다.

8장에서는 향료의 조향 방법에 대해서 설명하였다.

9장에서는 후각 훈련에 대해서 설명하였다.

10장에서는 조향 실습에 대해서 설명하였다.

끝으로 이 책의 출판을 위해 적극적으로 도움을 주신 도서출판 구민사 조규백 대표님 및 직원 여러분께 깊은 감사를 드린다.

2023년 8월

저자 일동

1

향료의 어원 및 역사

1 향료의 어원 및 역사

1 향료의 어원

"향료"는 음식, 의료, 화장품, 향수 등 다양한 용도로 사용되는 물질로서 우리가 일상생활에서 맡을 수 있는 향기(긍정적)나 냄새(부정적)를 의미하는 것이다, 향료는 다양한 자연물과 식물에서 추출되거나 가공(합성)되어 얻어지고, 이는 역사와 문화에 따라 다양한 방법으로 사용되어 왔다. 오늘날에도 여전히 향료는 향수, 화장품, 캔들, 고급 음식 등에서 다양하게 사용되며, 인간의 후각과 미각을 만족시키는 중요한 감각적인 요소 중 하나이다.

향수는 외출 시에 몸단장을 마치고 마지막으로 한 방울을 뿌려주면 그날의 기분과 분위기를 완성하는데 결정적 역할을 한다. T(Time, 시간), P(Place, 장소), O(Occasion, 상황)는 개인의 스타일과 환경에 따라 다르게 적용된다. 따라서 메이크업, 의복과 마찬가지로 향료도 T.P.O에 따라 연출이 가능하다.

"향료"는 꽃류, 나무류, 다양한 과일류, 허브류, 향수 등 다양한 곳에서 찾을 수 있고, 미세한 입자들이 공기에 떠다니면서 후각이나 미각에서 감지되는 것을 의미한다.

"향료"는 대표적으로 음식, 의료, 화장품, 향수 등 다양한 용도로 사용되고 향기나 맛을 부여하는 역할을 한다.

식물 기반 향료는 식물의 꽃, 열매, 잎, 줄기, 뿌리 등에서 추출한다. 예를 들어, 바닐라 향은 바닐라콩에서 추출되며, 라벤다, 로즈마리, 페퍼민트 등의 향기는 식물의 잎이나 꽃에서 얻는다.

동물 기반 향료는 동물의 분비물이나 부위에서 얻어지는 향료로 사향노루, 암브레, 비버 캐스터, 고래 등 향료로 사용되었다. 그러나 동물 보호 및 윤리적 문제로 인해 현대에는 그 사용이 계속 줄어들고 있다.

합성 향료는 과학기술의 발달로 식물이나 동물에서 추출되는 것이 아닌 인공적으로 합성된 향료로서 현대에 널리 사용되고 있다. 이러한 합성 향료는 계산된 정확한 향과 일관된 품질로 많은 제품에서 편리하게 사용하고 있다.

2 향료의 역사

향기는 인류의 문화와 연결되어 있다. 고대로부터 향기는 종교적인 의식, 의례, 의료적인 용도 그리고 미용 용도로 사용되어 왔다.

마태복음 2장 11절에 "동방박사들이 아기 예수께 경배하고 보배합을 열어 황금과 유향과 몰약을 예물로 드리니라"는 성경 구절처럼 가장 가치 있는 황금과 귀한 향료를 드렸다고 얘기하고 있다.

1_고대 이집트

고대 이집트 문명에서는 향기를 신성한 것으로 여겼으며, 묘지에서 쓰이는 방향제 그리고 미라 보존을 위해 시더우드, 유향(프랑킨센스), 몰약(미르)의 향료가 사용되었다.

클레오파트라(Cleopatra VII Philopator)는 고대 이집트의 여왕으로 아름다움과 유혹적인 매력을 가졌다고 한다. 그녀는 다양한 향료를 사용하여 피부관리는 물론 향을 늘 지니고 다녀 건강과 아름다움을 유지했다고 한다. 클레오파트라가 사용한 향료로는 로즈, 라벤다, 프랑킨센스 등으로 전해진다.

또한 이집트인들은 향료를 신성시 하여 해뜰녘에 신전에 분향하고, 저녁에는 침실에서 사용하였다고 한다.

2_고대 그리스

고대 그리스에서는 꽃에서 추출한 '바이올렛'이 유행하였고 향과 향유를 사용하여 미용과 의료목적으로 이용하였다. '바이올렛'의 사용은 그리스 문화와 생활의 일부였으며, 향기와 의학적 특성 때문에 중요한 식물로서 존중되었다. 또한 장미로 머리를 장식하거나 박하크림을 사용하는 등 향료의 지나친 사용은 정책적으로 향료의 수입중지와 일시적 사용제한을 두기도 했다고 한다.

바이올렛

바이올렛을 화장품과 향수, 향유로 사용하였고, 호흡기 질환인 기침과 목 아픔 치료나 피부발작 질환, 간단한 통증 완화와 불면증에도 사용되었다.
바이올렛은 신화에서도 아프로디테(비너스)의 신성한 꽃으로 상징되었다.

3_로마

로마 시대에는 연회와 향락을 위해 향을 사용하였고, 호화로운 목욕문화의 발달로 목욕 후에는 향유를 이용한 마사지가 유행하였으며, 성적으로도 문란하였다.

네로 황제는 장미꽃을 이용한 분수를 만들었고, 향료를 바른 새가 집안에 날아다니게 하였으며, 황후의 장례식에는 아라비아에서 생산되는 10년 치의 향료를 다 소비하도록 하였다고 전해진다..

4_인도

인도의 '샌달우드'(Sandalwood)는 불교사원 등에서 분향에 많이 사용하고 있다.

'샌달우드'는 향을 취함으로써 집중을 통한 마음의 진정과 안정을 주어 명상에 많이 이용되고 있다.

5_중국

중국의 '사향'은 원난성 티베트의 높은 산지에 사는 사향노루 수컷의 사향선을 건조시켜서 얻은 분비물로서 값비싼 생약으로 기절했거나 진경제 등으로 이용되었고, 향료로 여성들이 지니고 다녀 매력을 더했다.

특히 중국의 '동방보향(東方寶香)'은 동쪽의 보물이라는 뜻을 가지며, 귀한 향으로 종교적(불교)인 의식이나 명상을 위해 사용되었다.

2

향의 정의 및 기능

2 향의 정의 및 기능

1 향의 정의

향(香)은 우리가 일상생활에서 맡을 수 있는 향기(긍정적)나 냄새(부정적)로 발산하는 물질을 말한다. 또한 "향"은 그 향기뿐만 아니라 정신적 상태나 신체적 상태 그리고 물질이나 경험을 포함하는 매우 복합적인 개념이다. 세상에는 아주 다양한 종류의 향이 존재하며, 크게 자연향과 인공향으로 나눌 수 있고 화학 물질을 모두 포함하고 있다.

2 향의 특징

향은 감정, 기억(연상), 문화적 요소, 미용 등 다양한 영역에서 경험에 깊이 연결된 다차원적인 개념이다.

후각은 불쾌한 냄새일지라도 계속 맡게 되면 감지가 둔해지면서 냄새를 인지하지 못하게 된다. 다른 감각기관에 비해 예민하고 피로도 빨리 온다.

향을 맡았을 때 이전의 기억, 전경이 떠오를 수도 있다. 즉, 향은 주관적이고 개인의 기억(긍정, 부정)과 연결된다. 후각은 남성보다 여성이 예민한 편이며, 나이가 들어감에 따라 둔감해지기도 하지만 조향사 같은 직업군은 계속된 훈련을 통해 그 정도의 차이가 있다.

1_향기(香氣) 발산

향을 발산하는 물질은 감각적인 체험, 사람들의 다양한 향 인식, 이를 통해 환경이나 물질의 특성을 파악할 수 있다.

2_정서적 영향

향은 우리의 기분과 정서에도 영향을 준다. 어떤 특정한 향기는 과거의 경험을 떠올리게 하여 설레이게 하거나, 좋지 않은 감정을 느끼게 하기도 하고, 편안함을 주어 안정감을 느끼게 할 수도 있다(예를 들어, 아로마 테라피)

3_문화적 의미

향은 나라마다 문화와 종교적인 의식에서 중요한 역할을 한다. 고대 문화에서 향기는 종교적인 의식이나 전통적인 행사 그리고 의식적인 부분에서도 사용되었다. 즉, 향기는 신성한 측면과 연관지을 수 있다.

4_미용(beauty, health)적 의미

향은 다양한 방법으로 추출되어 다양한 용도로 사용된다. 외출 시 T.P.O에 맞는 의복과 헤어, 메이크업 그리고 마지막 완성은 '향기'이다. 개인의 매력과 개성을 눈으로 보이지는 않지만 후각을 통해서 완성하는 것이다.

또한 향기는 여러 경로의 흡수를 통해 신체, 정신, 정서, 사회적으로도 완충역할을 하는 효과를 가지고 있어 알고 제대로만 사용한다면 전인치료에 주체적 또는 부수적으로 이용할 수 있다.

향 활용법

발향, 목욕, 청소, 항염, 항균, 항산화, 찜질, 화장품, 향수, 마사지 등

3 향의 인지 및 경로

향이 신체에 흡수되는 경로는 크게 코(호흡)를 통한 이동 경로로 변연계(뇌) 이동과 폐로의 이동 그리고 마사지나 도포를 통한 피부를 통한 이동이 있다. 또한 일부에서는 경구복용도 하고 있기는 하지만 권고하지는 않는다.

1_호흡을 통해 뇌로 전달

향의 기체분자는 호흡을 통해 코로 들어가 비강의 위쪽에 있는 '후각 상피'에 이른다. 후각상피 안에는 '후각섬모'와 '후각세포'가 있으며, 후각세포는 향기 분자와 결합하는데 이를 '후각수용체'가 담당한다. 후각세포와 후각 수용체를 통하여 1조 가지 이상의 냄새를 구별한다고 한다.

향기 분자를 만난 후각 수용체는 정보를 후각세포에 전달하고 후각신경구는 변연계(편도체, 해마)를 거쳐서 시상하부에까지 전달하게 된다.

변연계는 후각신경과 직접 연결되어 있는데, 후각신경은 코(호흡)를 통해 노출된 뇌의 일부라고 할 수 있다. 오감(five senses) 중에 변연계와 직접 연결된 감각은 후각뿐이다. 변연계는 사람의 원시적이고 본능적 욕구와 관련된 식욕, 성욕, 갈증, 정서적 반응과 관련된 행동을 지배한다. 즉, 후각이 뇌로 전달되면 지적 부분보다는 정서적 부분에 반응한다는 것이다.

변연계의 편도체는 학습, 동기, 감정을 관장하는데 공격성을 조절하거나 공포, 두려움의 기능을 담당한다. 해마는 기억의 생성과 저장하는 역할과 더불어 학습, 기억, 감정에도 영향을 준다.

시상하부는 뇌하수체의 기능을 조절하는 기관으로, 호르몬의 분비 조절과 자율신경계를 관장하는 중요한 역할을 뇌하수체가 담당하고 있다.

코 - 비강 - 후각세포 - 후각신경구 - 대뇌 변연계 - 시상하부

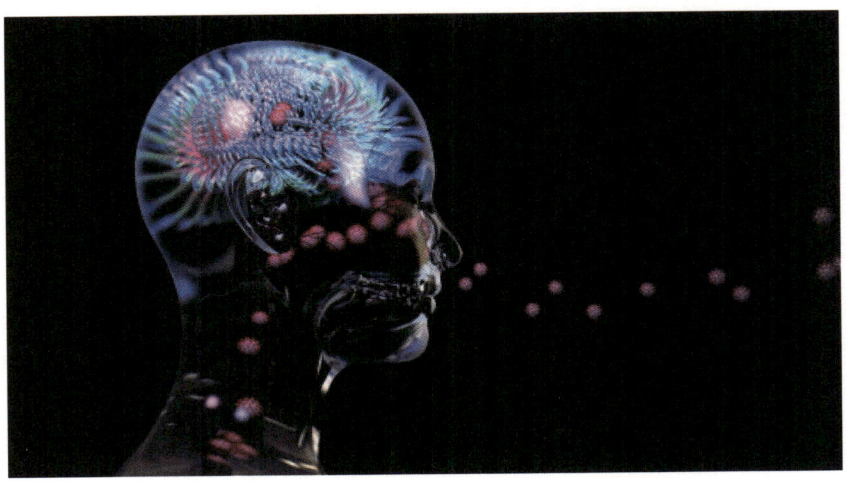

향의 흡수 경로

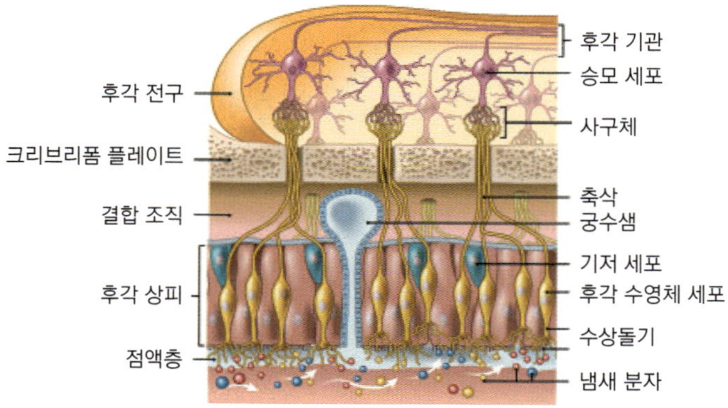
후각 기관
승모 세포
후각 전구
사구체
크리브리폼 플레이트
축삭
결합 조직
궁수샘
기저 세포
후각 상피
후각 수영체 세포
수상돌기
점액층
냄새 분자

후각 관련기관

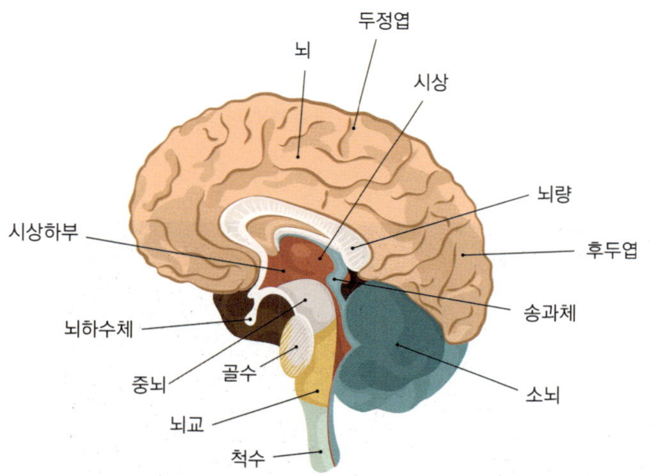
두정엽
뇌
시상
뇌량
시상하부
후두엽
송과체
뇌하수체
골수
중뇌
소뇌
뇌교
척수

뇌의 부위

2_ 피부를 통해 전신에 전달

피부에 향의 전달은 보통 마사지를 통해 이루어지고, 피부의 한선(에크린선, 아포크린선)과 모낭 그리고 느리지만 피부 면적을 통해 유입된 향 분자는 체액, 혈액, 림프액으로 이동하면서 전신을 순회한다. 향은 향의 파동과 전달하는 매개체에 따라 유입되고 머무는 시간이 천차만별이다. 마사지를 하는 동안 향 분자는 공기 중으로 휘발되어 비강을 통해 폐로, 전신으로 이동하면서 향 분자 유입이 한 번 더 일어나 시너지 효과가 있다.

표피 - 진피 - 체액(림프액, 혈액) - 전신(body)

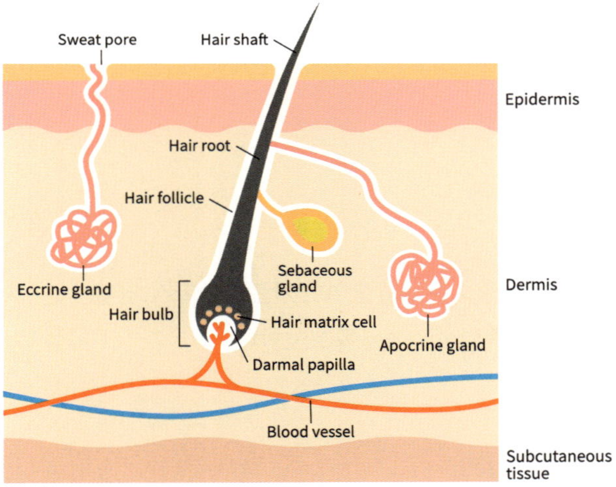

피부를 통해 형이 전달되는 기관들

4 향의 기능

향의 기능은 신체, 심리, 정서, 연상 등 많은 부분에 영향을 미친다.

1_신체적 작용

후각으로 들어온 맛있는 냄새는 식욕을 흥분시키고 위장을 자극하여 소화액을 활발히 분비시킨다. 반대로 불쾌한 냄새는 구토 및 두통을 유발시키기도 한다. 이러한 것들은 뇌에서 감지해 감정을 지배하고, 기억하게 하는 역할을 한다.

2_심리적 작용

향기로운 냄새를 맡으면 인체는 자연적으로 호흡을 길게 하여 기분이 좋아지며, 불쾌한 악취를 접하게 되면 자연적으로 호흡을 정지시키거나 짧고, 얕게 맡아 스스로를 보호한다.

3_연상 작용

향은 과거를 소환하는 연상 작용이 있다. 첫사랑에게 느꼈던 향기나 혼나거나 기분 나빴을 때마다 느꼈던 향, 엄마의 향기 등 향은 그 당시의 감정과 상황까지도 동시에 떠오르게 하는 작용을 한다. 하지만 향은 똑같은 향기라도 사람마다 저장된 상태가 다르기 때문에 저마다 다른 반응으로 나타난다.

기업이나 영업이 이루어지는 곳에서는 '향'을 이용한 브랜드 마케팅도 중요한 역할을 한다. 고객의 Five Sense(후각, 시각, 청각, 촉각, 미각)를 이용한 자극은 유사한 자극이 올 때마다 그 브랜드를 떠올리게 하는 마케팅이 된다.

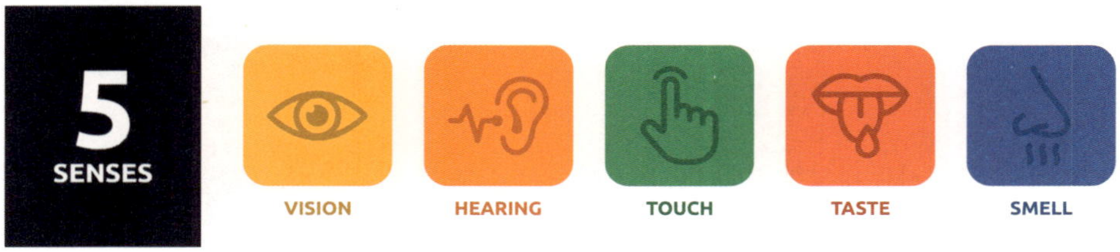

4_관계 정서적 작용

갓 태어난 아기가 엄마의 향기를 인지해 보이지 않아도 후각을 통해 엄마의 젖가슴을 찾아가고 안정감을 느끼는 것처럼 향은 관계 정서 작용을 한다.

5_환경 보건적 작용

고대 문헌에 마을 전체가 전염병에 노출되었을 때에 나무를 베어 향을 피웠으며, 영국의 경우 '페스트'라는 전염병이 돌 때에도 향을 이용하여 자기보호와 전염병에 대응하였다. 아기 예수님이 탄생한 날에도 동방박사들이 귀한 선물로 황금과 향유(유향, 몰약)을 가지고 갔던 기록이 있다. 유향은 아기 예수님과 마리아가 있었던 마구간이 위생적 부분에 취약해 더 유용한 선물이었다고 미루어 짐작해 본다.

예수님 탄생
황금, 유향(프랑킨센스), 몰약(미르)

이집트 미라
시더우드, 유향(프랑킨센스), 몰약(미르)

프랑킨센스, 미르
방부, 항균, 항박테리아, 진통, 상처치유 등의 효과

5 조향을 위한 연구 방법 및 주의사항

향을 만드는 조향사는 다양한 향료를 조합하여 새로운 향을 만들거나 향에 향을 덧입히는 과정을 통해 원하는 향을 만드는 사람으로, 과학적인 지식과 예술적인 감각이 필요한 작업이다.

산업의 발달은 개인의 개성과 니즈(needs)를 고려한 맞춤형(bespoke)으로 생산되고 있는 추세이다. 종류로는 가전제품, 가구, 화장품, 향료 등 고객의 스타일로 생산되는 시대에 살아가고 있다.

조향을 하는 방법에 대해서도 많은 연구들이 이루어지고 있다. 가장 흔한 예로 여러 향들을 하나하나 직접 맡아 개인 선호도에 따른 향을 3~5가지 정도로 선별해 조향하는 방법이 있고, MBTI와 같이 성향 검사를 통해 향을 선별하여 원하는 향으로 조향하는 방법도 있다. 또 다른 방법으로 인사이드(아로마) 카드를 통해 선택된 카드와 관련된 향으로 조향하는 방법이 있다.

향은 내가 좋아하는 향(다른 사람들도 좋아할 수 있는 향)이 있고, 대중이 좋아하는 향(최신 트렌드 향)이 있다. 계절 이미지나 기억에 남는 연상 이미지를 이끌어내어 원하는 향을 만들기도 한다.

- 내가 좋아하는 향
- 대중이 좋아하는 향(트렌드 향)
- 고객의 연상(추억)과 니즈를 파악하여 공감을 통해 만드는 향

조향설계 시 내담자의 확고한 취향이 있으면 원하는 향 위주로 각각 향을 맡아 가면서 설계하면 되기 때문에 비교적 빠른 설계가 가능하다. 또한 내담자가 유행하는 향을 원하는 경우도 어느 정도의 레시피가 존재하는 상태이기 때문에 빠른 설계가 이루어질 수 있다.

고객들의 니즈가 세분화되면서 조향설계를 할 때는 내담자가 어떠한 감정을 가지고 있는지 공감하고 느껴야 한다. 예를 들어, 내담자가 '첫사랑'의 향을 설계해 달라고 했을 때 대화를 통해 어떠한 감정들을 가지고 있었는지를 통해 설계가 가능한 것이다. 첫사랑이 달달했었는지, 바라만 보다가 설렘으로만 끝났는지 등 히스토리를 통해서만 알 수 있기 때문이다.

요리사(chef)가 되기 위해서는 많은 음식을 만들어 봐야 하는 것뿐만 아니라 많은 음식을 먹어봐야 맛있는 음식을 만들 수 있는 것처럼 조향도 똑같다. 뛰어난 조향사(퍼퓨머)가 되기 위해서는 많은 향들을 맡아보면서 특징 및 휘발 정도, 느낌들을 생각해내고, 블렌딩했을 때의 향의 변화 등을 꾸준히 연구해야 내담자가 원하는 향을 만들 수 있다.

화장품 업체에서도 직접 조향사가 조향을 해서 제품을 출시하는 업체도 있겠지만 대부분은 조향 업체에 화장품 브랜드 콘셉트와 맞는 향기 설계를 요청하는 경우가 더 많다.

전문 조향사가 모여 있는 연구팀은 부탁한 업체를 위해서 회의를 통해 향기 개발을 해 준다. 매일 꾸준한 향기의 트레이닝을 통해 정확한 조향이 될 수 있도록 한다.

3

향의 구조

3 향의 구조

1 향의 부향률

부향률이란 향을 차지하는 비율로 향수나 화장품에 향이 차지하는 배합된 비율을 말한다.

부향률이 높을수록 향이 강하고 지속성이 길어진다. 따라서 부향률은 사람이 사용했을 때 얼마나 머무르고 있는 정도를 말하는 것이다. 또한 동일한 향기라 할지라도 부향률에 따라 향기가 다르게 느껴질 수 있다.

2 부향률에 따른 분류

1_퍼퓸(Parfume)

향수 중 가장 진하고 완성도가 높고, 고가이다, 부향률이 15~30%, 변성알코올 함유량 70~85% 정도 함유되어 있으며, 5~10시간 정도 향이 지속된다.

2_오데 퍼퓸(Eau de Parfume)

퍼퓸보다 한 단계 아래 타입의 향수로 가볍게 즐길 수 있는 실용적인 제품이다. 부향률이 9~12%, 변성알코올 함유량 72~91% 정도 함유되어 있으며, 5~7시간 정도 향이 지속된다.

3_오데 토일렛(Eau de Toillette)

향이 가볍고 옅은 중간타입 향수로 가장 많이 사용된다. 전신에 사용이 가능한 제품으로 부향률이 5~10%, 변성알코올 함유량 80% 정도 함유되어 있으며, 3~4시간 정도 향이 지속된다.

4_오데 코롱(Eau de Cologne)

향수의 기본으로 부담 없이 사용할 수 있는 가벼운 향의 향수이다. 부향률이 3~5%, 변성알코올 함유량 93~95% 정도 함유되어 있으며, 1~3시간 정도 향이 지속된다.

5_샤워 코롱(Shower Cologne)

샤워 후에 전신에 가볍게 데일리로 사용할 수 있는 제품으로 방향과 토너의 이중 효과가 있다. 부향률이 1~3%, 변성알코올 함유량 95% 정도 함유되어 있으며, 1시간 정도 향이 지속된다.

향수의 유형별 분류

유형	부향률	지속시간	특징/용도
퍼퓸	15 ~ 30%	약 10시간	아주 풍부한 향으로 고가이며 분위기 연출에 사용
오데퍼퓸	9 ~ 12%	5 ~ 7시간	지속성과 향의 깊이가 있으며, 퍼퓸에 비해 부향률이 낮아 경제적
오데토일렛	5 ~ 10%	3 ~ 4시간	가벼운 느낌과 지속성을 동시에 갖고 있으며 상쾌하면서 풍부한 향
오데코롱	3 ~ 5%	1 ~ 3시간	향수를 처음 사용하는 사람에게 적합 주로 과일향으로 프레쉬한 느낌의 효과
샤워코롱	1 ~ 3%	약 1시간	매우 가볍고 신선한 바디용 방향 화장품

3 발향에 따는 분류

향수는 발향 후 시간이 지나면서 향의 느낌이 조금씩 달라지는데 이는 향수 속의 조합 향료의 발향 정도가 다르기 때문이다. 발향되는 순서에 따라 탑 노트, 미들 노트(하트 노트), 베이스 노트(라스트 노트)로 나눈다. 향수 개발 시 향의 골격을 이루는 베이스 노트를 기준으로 미들 노트를 선정하고, 향수의 첫 느낌인 탑 노트를 조합하여 조향을 완성하게 된다.

1_탑 노트(Top Note)

향수의 첫인상으로 변성알코올이 날아간 후 첫 번째 맡는 향이다. 주로 상큼, 달큼한 향기의 시트러스 계열로 주로 휘발성이 있고, 지속시간이 30분~1시간 정도로 가장 짧다.

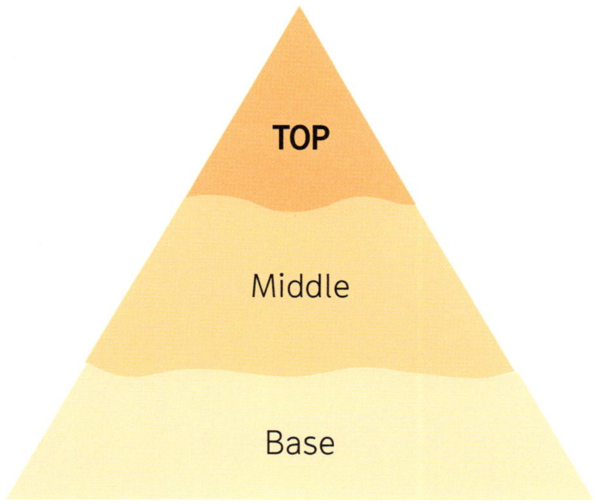

First Impressions

레몬, 라임, 오렌지 등 시트러스 계열과 프루티 계열, 티트리, 페퍼민트 등

2_미들 노트(Middle Note)

향취의 중심으로 하트 노트(Heart Note)라고도 하며, 향수의 콘셉트나 성격이 잘 표현이 된다. 주로 플로럴류로 중간 정도의 휘발도와 지속시간은 4~8시간이다.

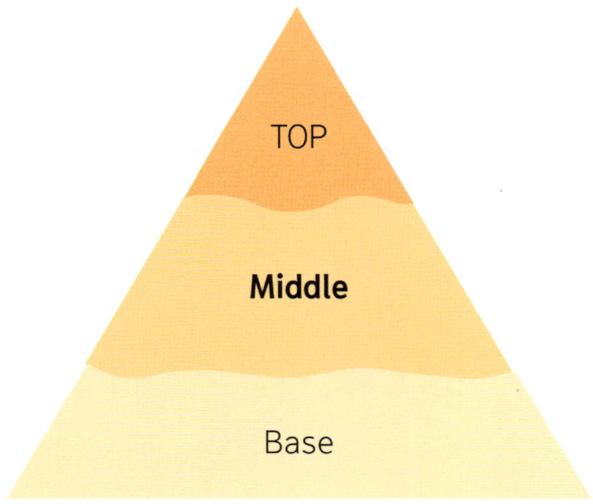

Evolving Scents

라벤더, 제라늄, 로즈, 일랑일랑 등 플로럴 계열과 바질, 시나몬 등의 스파이스 계열

3_베이스 노트(Base Note)

가장 잔향과 은은함이 길게 남아있는 향으로 라스트 노트(Last Note)라고도 하며, 휘발도가 낮고 지속성이 비교적 긴 애니멀류와 우디류를 사용하고 지속시간은 4~24시간 이상이다.

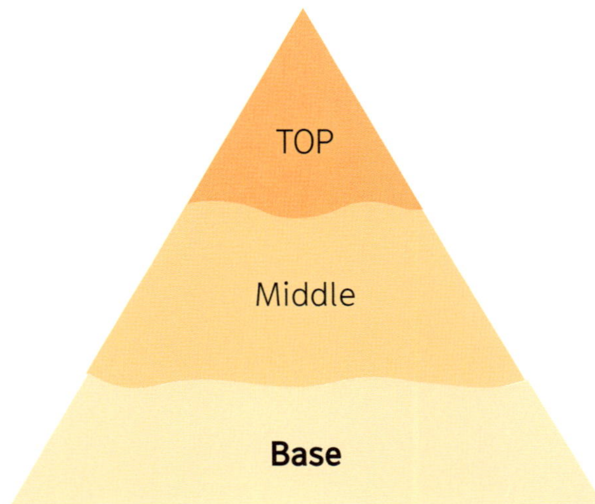

Underling Note

백단(샌달 우드) 등의 나무향과 이끼향, 사향, 용현향, 앰버 등의 동물향

4 향수의 구비 요건

향은 본연의 좋지 않은 냄새를 마킹하거나 자신과 주위 사람들에게 매력적인 이미지를 전달하기 위해 사용된다. 우수한 향의 조건으로 지속성과 확산성, 다른 향과의 조화와 콘셉트에 맞는 특징이 있어야 한다.

향수의 구비 조건

- 향의 특징(세련된)이 있어야 한다.
- 향의 확산성이 좋아야 한다.
- 향의 지속성이 좋아야 한다.
- 향의 조화가 잘 이루어져야 한다.

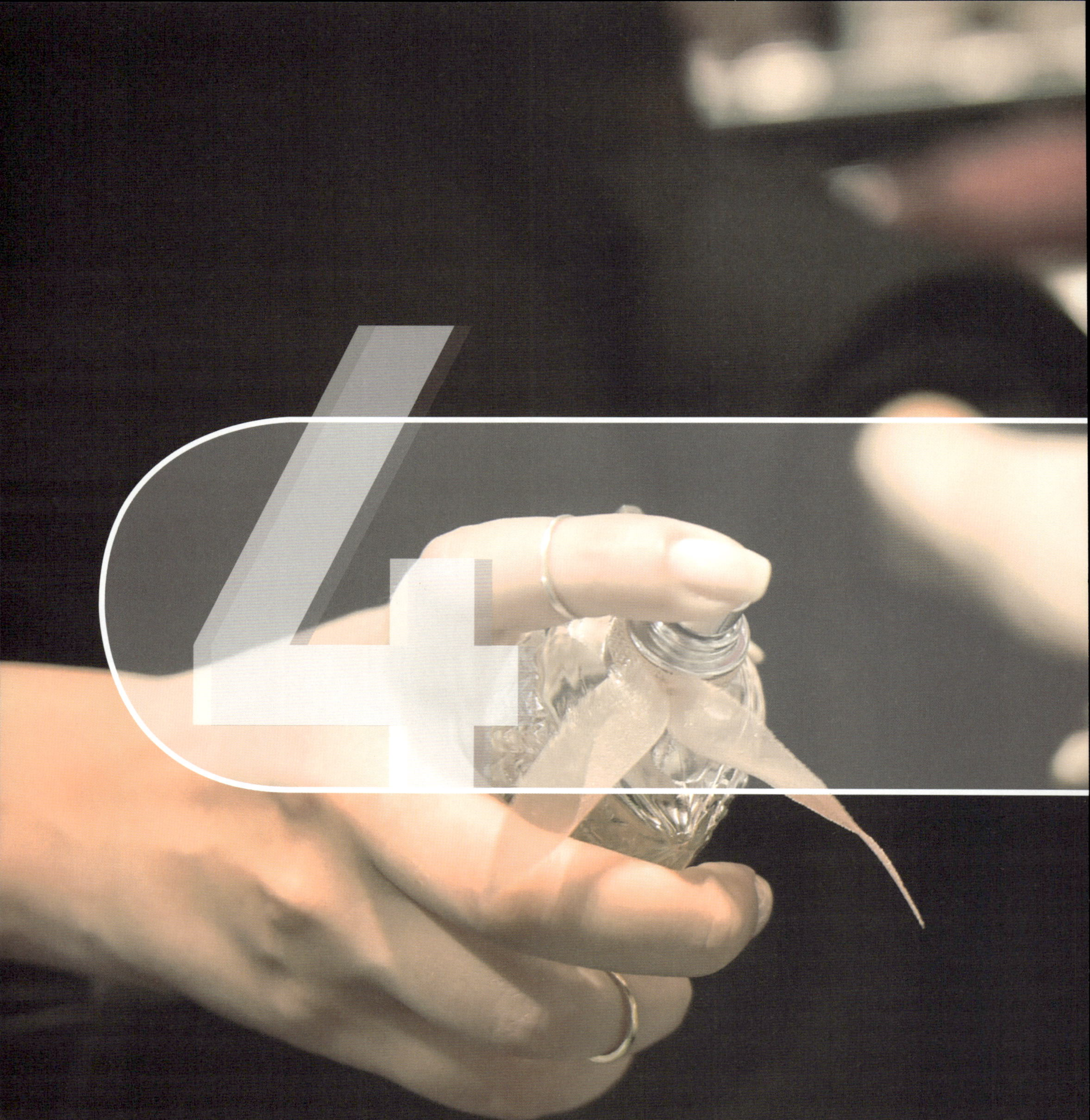

조향사 구분 및 역할

4 조향사 구분 및 역할

조향사란 천연 또는 합성 향료들을 사용 목적에 맞게 수종에서 수십 종으로 향료를 조향 작업을 통하여 원하는 향을 만들어내는 사람을 '조향사'라고 한다.

조향사는 능력(체력, 변별력 있는 후각)과 지식(화학, 외국어), 태도(감각, 인내심)의 자질이 필요하다.

향은 크게 먹을 수 없는 향(fragrance)과 먹을 수 있는 향(flavor)으로 구분한다.

1 향장 조향사(Perfumer, 퍼퓨머)

화장품이나 향수의 향장향(Fragrance, 프래그런스), 즉 먹을 수 없는 향을 의미한다. 조향사의 경험과 훈련으로 세련되고 독창성, 상상성 등 주관적 판단 영역으로 제품의 이미지와 효능에 잘 어우러지도록 새로운 향을 조향하는 사람을 말한다.

2 식향 조향사(Flavorist, 플래버리스트)

검증된 식용 향료(Flavor), 즉 입으로 먹어도 되는 향료를 의미한다. 보통은 천연 향료, 합성 향료를 단독으로 사용하기보다는 조합된 향료를 사용한다. 식품의 향을 덧입혀 가치를 높이고, 향을 개발하는 작업을 한다. 퍼퓨머보다는 강한 향들을 접하고 연구한다.

3 퍼퓸 디자이너(Perfume Designer)

트렌드에 맞게 세분화된 맞춤으로 디자이너가 고객이 원하는(needs) 향기를 상담을 통해 듣고 디자인해주는 전문가를 말한다.

4 향의 분류 및 적용

인간 생활 전반에 향은 늘 함께 사용된다. 실생활에 적용되어 사용되는 향들을 알아보면 다음과 같다.

향장 향료 (Fragrance)	향수류	퍼퓸, 오데 퍼퓸, 오데 코롱 등
	기초화장품	스킨, 로션, 크림, 클렌징 등
	색조화장품	파운데이션, 립스틱, 아이 메이크업류 등
	헤어화장품	샴푸, 린스, 토닉, 트리트먼트 등
	바디화장품	바디클렌저, 바디로션 등
	기타화장품	쉐이빙류, 흑채, 비누 등
	세제류(계면활성제)	세탁세제, 섬유유연제 등
	잡화용품(공산품)	디퓨저, 캔들, 탈취제 등
	의약(외)품	생리대, 마스크 등
식품 향료 (Flavor)	제과용	과자, 초콜릿, 캔디 등
	유제품	우유, 아이스크림, 치즈 등
	음료용	탄산음료, 이온음료, 과즙음료 등
	육가공품	육포, 소시지, 베이컨 등
	기호식품	담배, 술, 등
	기타	애견 · 애묘 사료 등

IFRA(International Fragrance Association)

IFRA는 1973년 설립된 비영리 국제기관으로 향장품 향료협회로서 향장품 향료의 안전성을 확보하기 위해 자체 규제를 확정하였다. 세계적으로 모든 향료협회들이 회원으로 있으며, 'IFRA'는 인증기관은 아니지만 향장품 향료 제조의 차트 작성(Code of Practice)과 향료 사용의 자율 규제(IFRA Standard)를 책정하여 지침으로 삼고 있다. 하지만 향료의 제한이나 금지는 각 나라마다 다르다.

5

향료의 구분

5 향료의 구분

향료는 크게 천연 향료와 합성 향료, 조합 향료로 구분한다. 천연 향료는 식물에서 추출한 식물성 향료와 동물에서 추출한 동물성 향료로 나눈다. 합성 향료는 천연 향료에서 필요한 성분을 분리시켜 만든 단리(유리)향료와 천연 향료 성분을 화학적으로 재현하여 만든 순합성 향료가 있다. 조합 향료는 천연 향료와 합성 향료를 사용목적과 의미에 따라서 조합한 향기를 뜻한다.

천연 향료
- 식물성 향료
- 동물성 향료

합성 향료
- 단리(유리) 향료(천연 향료에서 성분 분리)
  예) 페닐에틸 알코올(장미의 주요 성분), 바닐린(바닐라의 주요 성분)
- 합성 향료(천연 향료의 성분을 화학적으로 합성)

조합 향료
- 천연 향료와 합성 향료를 의미와 목적에 따라 조향한 것

천연 향료	식물성 향료	조합 향료
	동물성 향료	
합성 향료	단리(유리) 향료	
	순합성 향료	

1 천연 향료

천연 향료는 자연계의 동물, 식물을 원료로 하여 향기를 내는 성분을 수집하여 농축시켜 추출한 것을 말한다. 향료화된 향료는 여러 화학성분의 집합체로 향수처럼 시간에 따라 성분 변화가 발생한다. 또한 자연물질 특성에 따른 추출 나라(지형), 추출 방법, 날씨, 장소, 시기, 수확량 등에 따른 향의 차이가 있을 수 있다.

1_식물성 향료의 분류

다양한 향기를 기억하는 것은 무엇보다도 중요하다.

① 시트러스 계열(Citrus)

레몬, 라임, 그레이프룻, 오렌지, 베르가못 등의 감귤과에 속하는 성분으로 상큼, 달콤, 가벼운 느낌의 향으로 탑 노트에 속한다.

② 그린 계열(Green)

바이올렛, 그린티 등 풀내음과 같은 자연향기들로 시원하고 상쾌하여 사계절 구분 없이 사용 가능한 향으로 탑 노트에 속한 향이다.

③ 플로랄 계열(Floral)

향수에서 가장 많이 사용하는 꽃에서 추출하는 미들 노트(middle) 계열의 향이다. 대부분 거부감이 적으며 장미, 네놀리, 재스민, 일랑일랑 등의 단일 향을 사용하는 싱글 플로랄 계열과 두 가지 이상의 꽃향기를 모아 사용하는 부케 플로랄 계열로 나눈다.

④ 오리엔탈 계열(Oriental)

신비롭고 에로틱한 동양의 이미지를 표현한 향으로 식물의 수지와 동물의 향료를 주조로 만들어 여성의 신비함과 우아함을 표현하는데 주로 사용되는 향이다.

⑤ 시프레 계열(Chypre)

지중해의 사이프러스 섬에서 느낀 향의 이미지를 따서 붙인 코티사의 '시프레' 향수에서 유래한 이름이다. 떡갈나무에서 서식하는 이끼인 모스(moss), 오렌지, 라벤더, 머스크 등 식물성 향과 동물성 향이 조화를 이룬 향을 이야기한다. 성숙된 향으로 남성과 여성 모두에게 잘 어울리는 향이다.

⑥ 스파이시 계열(Spicy)

시나몬, 진저, 넛맥, 페퍼 등 향긋하고 톡 쏘는 느낌의 자극적인 향을 말한다. 플로랄 계열이나 우디 계열의 향에 깊이를 더하고, 남성용 향수에 주로 사용된다.

⑦ 우디 계열(Woody)

나무껍질, 향목 등 나무를 연상시키고 은은하고 중후하며 고상한 향으로 주로 겨울에 많이 사용되는 향이다. 샌달우드, 파인, 시더우드, 패출리 등 남성 화장품에 많이 배합되는 향이다.

⑧ 프루티 계열(Fruity)

시트러스를 제외한 대부분의 과일 향으로 사과, 복숭아, 망고, 바나나 등의 향을 말한다.

CITRUS	레몬, 만다린, 라임, 버가못, 그레이프릇 등
GREEN	바이올렛, 그린티, 아이비, 피스타치아, 갈바늄 등
FRUITY	사과, 망고, 바나나, 복숭아, 멜론 등
FLORAL	장미, 네놀리, 재스민, 일랑일랑 등의 싱글 플로랄 두 가지 이상 꽃향기를 사용하는 부케 플로랄
SPICY	시나몬, 넛맥, 진저, 블랙페퍼
ORIENTAL	바닐라, 엠버 등
WOODY	샌달우드, 시더우드, 베티버, 패출리 등
CHYPRE	모스, 로즈, 머스크 등 식물성 향과 동물성 향의 조화

2_동물성(애니멀) 향료의 분류

① 향유(Ambergris)

향유는 고래의 소화 과정에서 생성되는 물질로 처음에는 냄새가 심하게 나지만 시간이 지나면서 향기로운 향기를 발산한다. 고급 향수에 사용되며, 향수의 향을 고귀하게 만드는 역할을 한다.

② 머스크(Musk)

머스크는 주로 머스크사슴(수컷)의 페로몬샘에서 얻는다. 이 향료는 오랫동안 향수 제조에 사용되었으며, 동물 윤리적 문제로 인하여 화학합성 머스크향 개발을 하고 있다.

③ 호두(Civet)

시벳 고양이(Civet Cat)의 성샘 분비물에서 추출하며 이 향료는 중성의 향을 선사하는 역할을 한다.

④ 비버크린(Castoreum)

비버크린은 비버의 배설물과 성샘 분비물로부터 추출한다. 이 향료는 온화한 느낌과 나무의 향과 가죽의 향이 조합된 것으로 알려져 있다.

⑤ 그레이스(Amber)

그레이스는 고래나 해양 동물의 배설물로 종종 해변에서 발견된다. 고급 향수에 사용되며 사람들에게 따뜻하고 달콤한 향으로 쓰인다.

동물성 향료의 사용은 동물 보호와 윤리적인 문제로 동물을 사용하지 않는 유사한 향을 구사하기 위해 꾸준히 연구하고 있다.

세계 3대 향료

- 침향나무의 '침향'
- 사향노루의 생식기 근처에서 추출된 '사향'
- 향유고래 내장 속의 이물질인 '용현향'

2 천연향료의 추출방법

향의 추출방법은 대부분 수증기 증류법으로 추출한다. 이외에 비타민 파괴 우려로 열을 이용할 수 없는 시트러스 계열은 압착법으로 추출하고, 나머지는 용매추출법 등으로 추출한다.

1_수증기 증류법

식물의 꽃, 줄기, 껍질, 씨앗, 이끼, 풀 등을 모아 증기솥에 넣고 수증기를 통과시켜 향을 얻어내는 방법으로, 향을 추출하는 방법 중 가장 많이 사용되는 방법이다. 식물에 수증기 또는 뜨거운 물을 직접 접촉시켜 식물세포가 파괴되면서 세포 안에 들어있던 향을 수증기와 같이 증류하여 얻어내는 것으로, 이 방법의 경우 온도가 높은 상태에서만 향을 얻어낼 수 있어서 열에 민감한 식물의 추출 방법으로 쓰기에 부적합하다.

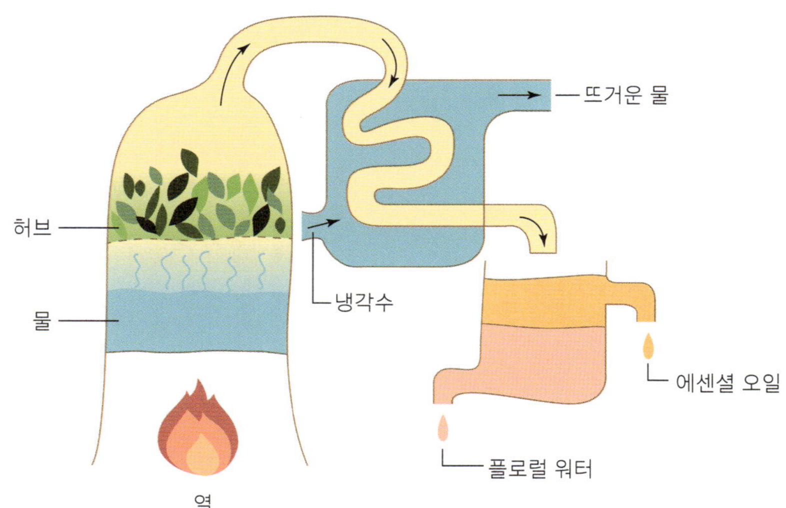

2_압착법

시트러스 계열인 레몬, 오렌지, 버가못, 탄저린 등의 과일 껍질을 압착하여 향을 추출하는 방법으로, 열에 약한 식물의 향을 추출할 때 주로 사용한다. 순수 성분과 영양분을 파괴시키지 않고 추출할 수 있는 장점이 있지만 쉽게 변질되는 단점이 있다.

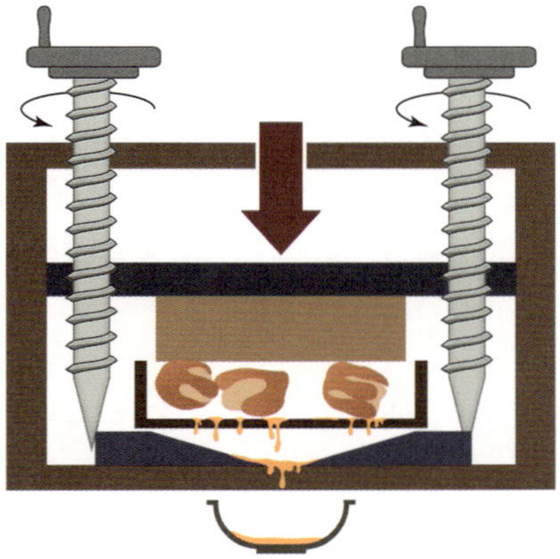

3_용매추출법

휘발성 용매제인 벤젠, 에테르, 알코올이나 비휘발성 용매제인 우지나 돈지 등에 꽃이나 수지 등을 넣어 왁스 형태의 물질을 얻은 후 에탄올을 가하여 에탄올에 녹는 물질만을 얻어내는 방법으로 향을 추출한다. 주로 열에 불안정한 꽃에서 향을 추출할 때 사용되는 방법으로, 식물의 향기 물질이 증기, 고온, 압력을 가할 때 쉽게 파괴되고 얻어지는 양이 적을 때 사용한다. 동물성 향을 채취하기에는 부적합하다.

① 휘발성 용매 추출법

휘발성 용매제인 벤젠, 에테르, 알코올 등에 추출할 식물의 부위를 잘라 넣어 냉 · 암소에 보관하여 침착시켜 향 성분을 녹여내는 방법이다. 용매로 향기 성분을 우려낸 후 녹여내면 왁스가 함유된 고형 물질이 얻어지는데 이를 콘크리트(Concrete)라고 하며, 여기에 에탄올을 가하여 왁스를 제거하고 여과시킨 향을 앱솔루트(Absolute)라고 한다.

휘발성 용매 추출법은 휘발성 유기 용매제를 완전히 제거하기 어려운 단점이 있다.

② 비휘발성 용매 추출법

동 · 식물의 유지를 이용하여 추출하는 방법으로 온도를 가하지 않는 냉침법과 가온을 해주는 온침법이 있다.

냉침법은 유리판에 동 · 식물의 유지를 발라 식물을 올려두고 24시간마다 위치를 바꾸어가며 며칠간 실시하면 유지에 향 성분이 흡수되는데, 이를 포마드(Pomade)라고 하며 여기에 에탄올을 가하여 앱솔루트(Absolute)를 얻는다.

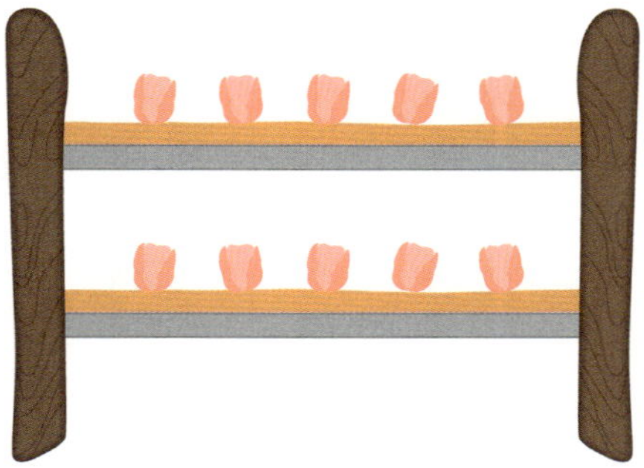

온침법은 동 · 식물의 유지를 가열한 후 꽃잎을 넣어 유지에 향이 스며들게 한 후 에탄올을 이용하여 정제하는 방법이다.

비휘발성 용매 추출법은 시간과 노동력이 많이 필요하나, 용매를 제거하지 않아도 되는 장점이 있다.

3 아로마 테라피(Aroma Therapy)

아로마 테라피란 향기를 의미하는 아로마(Aroma)와 치료를 의미하는 테라피(Therapy)의 합성어이다. 약용식물인 허브에서 추출하는 에센셜 오일을 이용한 향기요법으로 개인의 심리적, 정서적, 정신적 문제를, 더 나아가 신체적 문제까지 다루는데 사용되는 종합적인 접근 방식으로 더 큰 의미에서 홀리스틱 테라피라고도 한다.

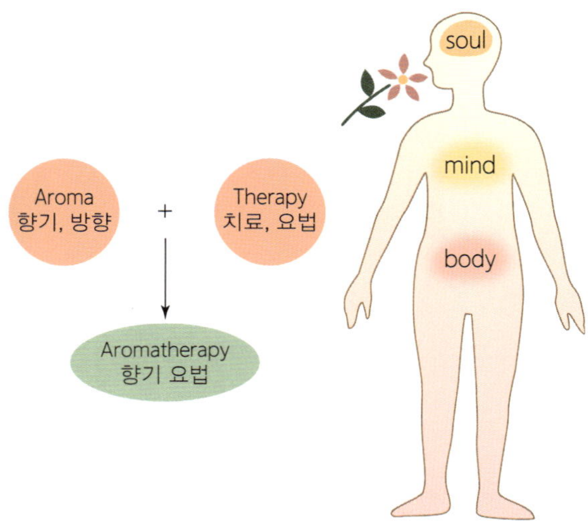

식물의 꽃, 잎, 줄기, 열매, 뿌리 등에서 추출한 에센셜 오일은 부위에 따라 신체 적용과 효과가 다르다. 허브는 보통 발향이나 마사지, 목욕, 호흡 등을 통해 체내에 침투되고, 호르몬의 조절과 인체의 항상성을 정성화시킨다. 또한 심신을 안정화할 뿐 아니라 자가 면역을 강화하여 질병을 치료하거나 개선, 예방하는 효과가 있다.

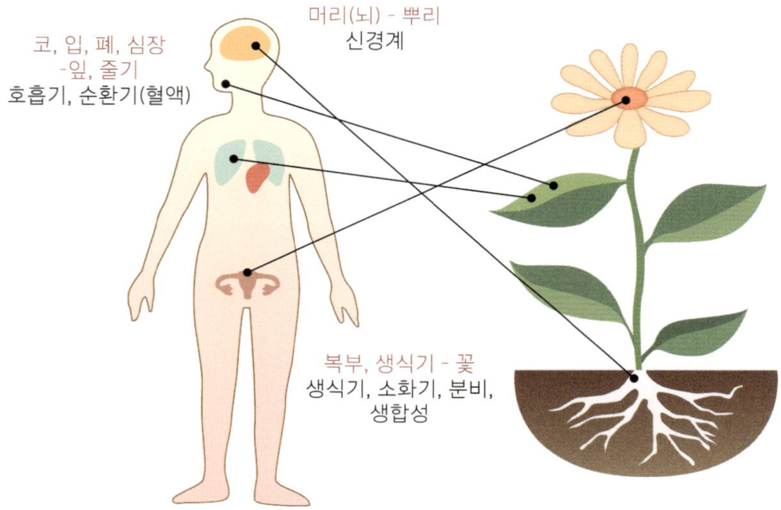

참고 : "Human being and Plants"
by Rudolph Steiner(1861~1925)

대체의학의 한 분야인 아로마 테라피는 최근 정신과에서 향을 이용한 치료방법이 현대인들의 스트레스로 인한 정신적 질환에 효과가 있어 보조 치료방법으로 많이 활용하고 있다.

에센셜 오일(정유)은 분자 크기가 아주 작은 친유성 물질로 후각기관에 작용하여 변연계(뇌)와 폐로 흡수가 이루어진다. 또한 피부를 통하여 흡수 시 혈류에 들어가 신경계와 림프계에 영향을 미친다.

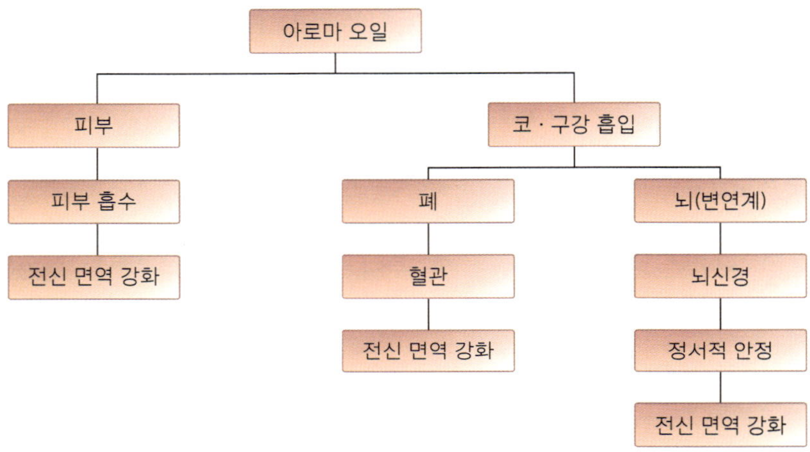

아로마 테라피는 환기가 잘되는 곳에서 관리하고 관리 후 반드시 환기를 시키는 것이 중요하며, 반드시 순수 에센셜 오일을 사용하여야 한다. 또한 많은 양의 에센셜 오일을 사용하는 경우 두통이나 구토, 메스꺼움, 피부 자극 등을 일으킬 수 있으므로 주의하여야 한다.

아로마 테라피를 사용할 경우 주의사항은 다음과 같다.

아로마 테라피의 주의사항 및 활용방법

- 아로마 테라피 적용 시 내담자의 건강과 심리 상태를 고려하여 오일을 선택한다.
- 아로마 테라피 부작용의 경우는 임신 초기나 암환자, 전염병 환자 등은 피하는 것이 좋다.
- 아로마 테라피를 활용한 방법으로는 발향, 흡입법, 마사지, 목욕법, 청소 등이 있다.

4 합성 향료

합성 향료는 크게 천연에서 분리해낸 단리(유리) 향료와 화학반응에 의해서 만들어진 합성 향료로 구분된다.

합성 향료는 여러 가지 화학성분이 합쳐져 있는 천연 향료와 다르게 단일 화학물질이다. 대부분의 많은 사람들은 '합성' 또는 '화학'이라는 명칭에 대한 거부감을 가지고 있다. 하지만 천연오일도 여러 화학물질들이 모여져 있다. 예를 들어, 천연 Grapefruit Oil 안의 limonene과 화학적으로 만들어낸 limonene은 같은 물질이다. 성분상으로는 같은 성분의 물질이기는 하지만 천연에서의 자연적 성분과 인위적으로 만들어낸 성분을 같게 볼 것인지는 받아들이는 사람들의 몫이다.

그리고 limonene 성분은 알레르기 유발물질 25가지 성분 중 하나로 사용 시에 '향료'가 아닌 원료명인 limonene이 들어가야 하고, 알레르기를 유발할 수 있다는 문구도 제품설명서에 반드시 기입해야 한다.

화학식 : $C_{10}H_{16}$(알레르기 유발물질)

합성 향료는 앞에서도 언급했듯이 화학적으로 생산된 원료이다. 조합향에는 수십 가지의 원료가 들어가서 만들어지며 간단히 F.O(Fragrance Oil)라고 한다. 화장품, 향수, 캔들, 디퓨저 등 실생활에서 사용되는 향들은 대부분이 조합향이다. 경우에 따라서 천연향(라벤다, 레몬, 오렌지 등)들이 원료로 사용되는 경우도 있다.

현대에는 과학기술의 발전으로 식물이나 동물에서 추출되는 것이 아닌 인공적으로 합성된 향료가 널리 사용되고 있다. 이러한 합성 향료는 정확한 향과 일관된 품질을 제공하며, 많은 제품에서 사용되고 있다.

향료의 사용은 지역, 문화, 시대에 따라 다양하게 변해왔다. 유럽에서는 향료가 희귀하고 값비싼 물건으로 여겨져 왕족과 귀족층만 사용할 수 있었지만, 대중화되면서 보다 널리 사용되고 다양한 분야에서 활용하고 있다.

합성 향료는 식품, 화장품, 청소용품 등 다양한 제품에서 사용되며, 다양한 향과 향미를 구현하기 위해 다양한 화합물이 사용된다.

합성 향료 종류	사용 용도
알데하이드(Aldehyde)	과일류, 꽃류, 나무류, 향신료 향
케톤(Ketone)	사탕류, 과일류, 남성용 향수 등
에스터(Ester)	과일류, 사탕류, 음료 향
알코올(Alcohol)	향수류, 화장품류, 클리닝 제품
테르펜(Terpene)	꽃류, 나무류, 허브 향
피로넬(Pheromone)	꽃류, 허브류, 스파이시 향
암민(Ammonia)	동물류, 과일류, 향신료 향
피로논(Pyrone)	과일류, 향신료, 나무 향
프로피온산 에스터(Propionic acid ester)	과일류, 사탕류, 음료 향
벤조에이트(Benzoate)	꽃류, 향신료, 나무 향

1_합성 향료의 장점과 단점

합성향의 장점은 저렴한 가격과 일관된 품질 공급, 새로운 향과 다양한 콘셉트의 창조가 가능하다는 것이고, 단점은 아무리 조합한다고 하더라도 천연 향료의 100%를 재연하기는 어렵다.

① 저렴한 가격(천연향 대체)

천연향 중 고가라인인 재스민, 장미, 샌달우드 등은 과거에 귀족이나 상류층만 접할 수 있었다고 하면 합성향료가 등장하면서 대중화되어 일반인들도 접하게 되면서 향수 산업이 발전하게 되었다. 물론 천연향과의 차이가 존재하는 것은 기정사실(既定事實)이고 가격 차이도 날 수밖에 없다. 생활용품, 세재, 비누 등 다량의 합성 향료의 조합향은 심미적 부분도 마케팅하는 계기(契機)가 되었다.

② 안정되고 일관된 품질 공급

천연향은 기후의 영향에 따라 품질이 결정되고 수확량이 달라지는 반면, 화학원료들은 그 품질이 일정하게 안정되고 안전한 생산과 보존이 가능하다. 따라서 합성향은 기존 제품의 재연과 생산이 비교적 천영향보다 안정되고 품질이 일관된 대량공급이 가능하다. 또한 동물향 머스크, 비버, 앰버 그리스 등 천연 수급의 이용이 어렵게 되면서 합성 향료들을 이용한 조향이 활발히 이루어지고 있다.

③ 새로운 향과 다양한 콘셉트의 창조

합성향의 새로운 향과 다양한 콘셉트의 창조는 향 산업 발전에 가장 큰 역할을 하였다. 거두절미하고 19세기부터 화학물질의 발견은 Chanel NO.5를 창조하였다. 이는 향 산업의 한 획을 긋는 계기가 되었고, 다량의 천연장미와 재스민에서 개발된 'Aldehyde'는 고귀한 향으로 창조되었다. 그리고 천연향에는 얻을 수 없는 'White floral'과 'Marine' 등은 새로운 합성향을 대표한다.

N°5 오 드 빠르펭은 빠르펭과 같은 시그니처 향을 지니고 있지만 플로럴 알데하이드 부케 향과 함께 시트러스 노트와 관능적인 바닐라 향이 조화를 이룬다.

우디향이 감도는 N°5 오 드 뚜왈렛

Aldehyde(알데하이드)

알데하이드는 뚜렷하면서 특유의 냄새가 있고, 다양한 생명체와 환경에서도 발견된다. 여러 알데하이드 화합물은 자연 발생하는 향기나 맛을 나타내고, 다양한 분야에서 화학물질의 중간체로서 사용된다.

알데하이드 종류

포름알데하이드(Formaldehyde)
가장 간단한 알데하이드로, 보존제, 건축 및 제조 공정에서 사용되며, 피토플랑톤(클로로필), 나무 냄새가 난다.

아세트알데하이드(Acetaldehyde)
에탄(ethane)의 알데하이드로, 알코올의 산화 과정에서 발생하고 술의 특유한 냄새와 맛을 형성한다.

부티랄알데하이드(Butyraldehyde)
부탄(butane)의 알데하이드로, 식품 첨가물과 합성 소재 제조에 사용된다.
알데하이드는 유기화학에서 중요한 역할을 하며, 다양한 화학적 반응과 합성에 사용된다. 또한 다양한 분야인 화학 산업, 음식 및 음료 산업, 의약품 산업 등에 활용되고, 자연 환경에서 발생하는 중요한 화학물질 중 하나이다.

2_합성 향료의 분류

합성 향료는 화학적 구조에 따라 탄화수소류, 알코올류, 페놀류 등으로 분류된다. 하지만 조향사는 화학구조에 따라 분류하는 것이 아니라 향의 특성을 노트로 구분한다.

합성 향료는 천연 향료에 견주어 수천 가지의 종류가 있다.

3_합성 향료 종류

Agrestic 노트

원료명	향취	cas No.	성상
캄퍼	캄퍼, 민트, 페놀, 허브, 우디, 약용, 멘톨릭, 쿨링, 그린	464-49-3	무색 백색 결정
L-보르네올	소나무, 우디, 캄퍼러스, 후추	464-45-9	무색 결정
유칼립톨	유칼립투스, 허브, 캄퍼러스, 약용	470-82-6	무색 투명한 액체

Animal(동물) 노트

원료명	향취	cas No.	성상
인돌	동물, 꽃무늬, 나프틸, 배설물, 매운맛	120-72-9	백색 내지 호박색의 결정성 고체 분말
파라크레실 아세티이트	수선화, 페놀, 동물	140-39-6	무색 투명한 액체

Anise(아니스) 노트

원료명	향취	cas No.	성상
아네톨	달콤한, 아니스, 감초, 미모사, 약용	4180-23-8	백색 무색의 결정
아니식 알데하이드	달콤한, 파우더리한, 미모사, 꽃, 산사나무, 발사믹, 바닐라, 아니즈, 우디, 쿠마린, 크리미한, 매운맛	123-11-5	무색, 담황색의 기름진 액체를 맑게
헬리오트로핀	헬리오트로프, 달콤한, 파우더리한, 코코넛, 바닐라, 체리, 마라치노, 크리미한, 매운맛	120-57-0	백색 결정성 분말

Amber & Balsam(엠버와 발삼) 노트

원료명	향취	cas No.	성상
암브록산	엠버그리스, 달콤한, 랩다넘, 건조한, 우디, 소나무, 삼나무, 그린, 씨디, 차	6790-58-5	백색 수정
아밀 살리실레이트	허브, 꽃, 클로버, 그린, 달콤한, 초콜릿, 발사믹	2050-08-0	무색에서 연황색의 투명한 액체
계피 알코올	달콤한, 발사믹, 히아신스, 매운맛, 그린, 파우더린한, 시나밀, 발사믹	104-54-1	연황색 고체

Citral(시트랄) 노트

원료명	향취	cas No.	성상
시트랄	가느다란, 레몬, 달콤한, 신선한, 과즙, 껍질, 타르트, 헤스페리딕	5392-40-5	무색에서 연황색의 투명한 액체

Citrus(시트러스) 노트

원료명	향취	cas No.	성상
D-리모넨	시트러스, 오렌지류, 신선한, 달콤한, 얄미운, 귤의 뉘앙스, 샐러리와 레몬 오일	5989-27-5	무색, 연황색 투명한 액체
디하이드로미르세놀	신선한, 감귤류, 라임, 꽃, 깨끗한, 향수, 잡초, 베르가못	18479-58-8	무색 투명한 액체
플로로팔	신선한, 감귤류, 치디니아, 그린, 자연스러운, 대황을 연상시키는, 자몽	5182-36-5	무색, 연황색의 투명한 액체

Conifer[pine](침엽수[소나무]) 노트

원료명	향취	cas No.	성상
알파-피넨	신선, 장막, 소나무, 흙, 목질, 허브, 매운, 열대	80-56-8	무색, 연황색 투명한 액체
베타-피넨	건조, 목질, 수지, 소나무, 건초, 녹색, 냉각, 테르펜, 민트, 매운, 후추, 유칼립투스	127-91-3	무색 투명한 액체
테르피네올 (혼합 이성질체)	깨끗한, 나무, 소나무, 꽃, 라임	232-282-8	무색, 담황색 고체

Coumarine(쿠마린) 노트

원료명	향취	cas No.	성상
쿠마린(e)	달콤한, 건초, 톤카빈즈, 깎은, 쿠마리닉	91-64-5	백색 수정

Floral(플로럴) 노트

원료명	향취	cas No.	성상
알파로논	달콤한, 우디, 플로럴, 바이올렛, 오리스, 열대 과일, 베리, 파우더리한	127-41-3	무색에서 연황색의 투명한 액체
헤디온	꽃, 기름진, 재스민, 그린, 락토닉, 열대, 천연, 달콤한, 과일, 감귤류, 레몬, 자몽, 우디	24851-9807	무색에서 담황색의 기름진 액체를 맑게 함
리날룰	감귤류, 플로럴, 달콤한, 장미꽃, 우디, 그린, 블루베리, 왁스, 로즈, 프레시	78-70-6	무색 투명한 액체
릴리알	플로럴, 머그컵, 물기 많은, 그린, 파우더리한, 신선한, 가벼운	80-54-6	무색, 담황색 맑은 기름진 액체

Fruity(프루티) 노트

원료명	향취	cas No.	성상
알데하이드 C-14	과일, 복숭아, 크리미한, 지방, 락토닉, 살구, 케톤닉, 코코넛	104-67-6	무색, 담황색 맑은 기름진 액체
알데하이드 C-16	달콤한, 과일, 딸기, 꽃, 꿀, 기름진, 강력한	77-83-8	무색, 연황색의 투명한 액체
알파-다마스콘	달콤한, 꽃, 메탈릭, 과일, 사과, 매운, 자두, 민트, 그린, 베리	43052-87-5	옅은 노란색의 투명한 액체
감마데칼락톤	신선한, 기름진, 왁스 같은, 복숭아, 코코넛, 버터 같은, 달콤하고, 크리미한, 락토닉한	706-14-9	무색, 담황색 맑은 기름진 액체
라즈베리 케톤	달콤한, 베리, 잼, 라즈베리, 익은, 폴로럴, 따뜻한, 우디	5471-51-2	백색 결정성 분말

Green(그린) 노트

원료명	향취	cas No.	성상
시스-3-헥세놀	신선한, 그린, 글래시, 나뭇잎, 야채, 허브, 기름진, 톡 쏘는	928-96-1	무색 투명한 액체
시스-3-헥세닐 아세테이트	신선한, 그린, 달콤한, 과일, 바나나, 사과, 글래시, 배 형성	3681-71-8	무색 투명한 액체
옥틴 카보네이트	플로럴, 그린, 바이올렛, 잎, 멜론, 오이	111-80-8	무색, 담황색 투명한 액체

Honey(꿀) 노트

원료명	향취	cas No.	성상
페닐에틸 페닐 아세테이트	플로럴, 달콤한, 장미, 꿀, 발사믹	102-20-5	무색, 연황색의 결정성 고체

Marine(마린) 노트

원료명	향취	cas No.	성상
칼론	신선한, 촉촉한, 깨끗한, 멜론, 그린, 마린, 페놀릭	28940-11-6	백색 가루 결정
사이클라멘 알데하이드	플로럴, 사이클라멘, 신선한, 루바브, 머스티, 그린	103-95-7	무색, 연황색의 투명한 액체
헬리오날	촉촉한, 신선한, 그린, 사이클라멘, 건초, 백합	1205-17-0	노란색의 투명한 기름진 액체

Mint(민트) 노트

원료명	향취	cas No.	성상
엘카본	달콤한, 스피어민트, 허브, 민트	6480-40-1	무색, 연황색의 투명한 액체
엘멘톨	페퍼민트, 쿨링, 멘톨릭, 민트, 프레쉬	2216-51-5	무색의 결정

Moss(모스) 노트

원료명	향취	cas No.	성상
에버닐	이끼, 나무, 페놀릭, 흙 향	4704-47-5	분홍색을 띤 노란색 결정성 분말

Musk(머스크) 노트

원료명	향취	cas No.	성상
엘틴렌 브라실레이트	파우더리, 달콤한, 플로럴, 엠브리트, 머스크, 우디, 매운, 바닐라	105-95-3	무색에서 담황색의 기름진 액체를 맑게 하다.
머스크케톤	지방, 사향, 비누향, 건조한, 파우더리, 강한, 네추럴 머스트향	18-14-1	노란가루
하바놀이드	달콤한, 머스크, 왁시, 건조한, 파우더리, 동물성, 열대성, 우아함	111879-80-2	무색, 담황색 맑은 고체

Orange aldehyde(오렌지 알데하이드) 노트

원료명	향취	cas No.	성상
알데하이드 C-8	알데하이딕, 왁시, 감귤류, 오렌지, 껍질, 그린, 지방	124-13-0	무색, 연황색의 투명한 액체
알데하이드 C-1	달콤한, 알데하이딕, 왁시, 오렌지, 껍질, 감귤류, 꽃	112-31-2	무색, 연황색의 투명한 액체
알데하이드 C-12(L)	비누, 왁시, 알데하이딕, 감귤류, 그린, 꽃향기, 신선한, 강렬한	112-54-9	무색, 연황색의 투명한 액체

Orange flower(오렌지 꽃) 노트

원료명	향취	cas No.	성상
아우란티올	꽃, 백합 오렌지 꽃, 달콤한, 네롤리	89-43-0	황색 점성 액체
메틸 안트라닐레이트	과일, 포도, 오렌지 꽃, 네로릴, 곰팡이, 파우더리한, 따뜻한, 달콤한	134-20-3	노란색 맑은 고체
네롤린 브로멜리아	나프틸, 플로럴, 오렌지 꽃, 파우더리한, 포도	93-18-5	백색 결정성 고체

Pyrogene(피로겐) 노트

원료명	향취	cas No.	성상
말톨	달콤한, 캐러멜릭, 솜사탕, 과일, 탄 냄새	118-71-8	백색 가루

Rose(로즈) 노트

원료명	향취	cas No.	성상
시트로넬롤	플로럴, 가죽향, 왁시, 장미, 감귤류, 달콤한, 그린	106-22-9	무색, 옅은 노랑 투명한 액체
시트로넬리 아세테이트	플로럴, 그린, 장미, 과일, 감귤류, 우디, 로즈우드향	150-84-5	무색 투명한 액체
게라니올	달콤한, 플로럴, 과일, 장미, 왁스, 감귤류	106-24-1	무색 투명한 액체
제라닐 아세테이트	플로럴, 장미, 라벤더, 그린, 왁스, 시원한	105-87-3	무색 투명한 액체
페닐 에틸 알코올	플로럴, 장미, 말린 장미, 신선한, 달콤한, 꿀	60-12-8	무색 투명한 기름진 액체

Spicy(스파이시) 노트

원료명	향취	cas No.	성상
메타 카리오필렌	달콤한, 우디, 매운, 정향(clove), 건조한	87-44-5	무색 투명한 기름진 액체
계피 알데하이드	달콤한, 매운, 알데하이딕, 아로마틱, 발사믹, 시나밀, 수지성, 꿀, 파우더리한	104-55-2	노란 기름진 맑은 액체
쿠미닉 알데하이드	매운, 쿠민, 그린, 허브	122-03-2	무색, 연황색의 투명한 액체
유제놀	달콤한, 매운, 정향(clove), 우디, 페놀릭, 시나몬, 모든 향신료	97-53-0	노란색의 투명한 액체

Woody(우디) 노트

원료명	향취	cas No.	성상
세드램벌	우디, 건조한, 삼나무, 엠버그리스, 흙투성이, 베티버	19870-74-7	무색, 연황색의 투명한 액체
아이소 이 슈퍼	우디, 건조한, 엠버그리스, 삼나무 우디, 오래된 나무, 케톤틱, 페놀릭	54464-57-2	무색, 연황색의 투명한 액체
샌달로어	달콤한, 샌달우드, 우디, 왁시, 기름진, 크리미한, 향나무, 따뜻한	65113-99-7	옅은 노란색의 투명한 점성 액체
벌토픽 코월	우디, 베티버, 엠버, 가죽, 머스크, 향나무, 따뜻한, 건조한	32388-55-9	노란색, 갈색의 맑은 기름진 액체

Vanilla(바닐라) 노트

원료명	향취	cas No.	성상
바닐린	달콤한, 바닐린, 크리미한	121-33-5	백색의 결정성 분말

4_합성 용어

캄퍼(Camphor)

화학적으로 식물의 수지에서 추출 또는 합성된 화합물로, 특유의 향기와 다양한 용도로 사용되는 화학물질이다. 주로 허브나 나무에서 추출되며, 백향나무나 로즈마리 등에서 얻을 수 있다. 또한 캄퍼는 다양한 산업 분야에서 사용된다. 캄퍼 오일은 염증을 완화시키고 통증을 줄이는 데 도움을 준다. 가벼운 상처나 통증을 완화하기 위해 사용되고, 기침약이나 감기약에 향을 부여하는 데에도 사용된다.

또한 특유의 상쾌한 향기 때문에 방향제나 공기 청정, 벌레를 쫒는 데에도 사용된다. 하지만 과도한 사용은 피부 자극, 미열, 중독 증상을 일으킬 수 있으므로 적절한 사용 방법과 양을 지켜야 한다. 향수, 화장품, 향 오일, 방향제 등 다양한 분야에서 사용된다.

인돌(Indole)

유기 화합물의 하나로, 벤젠 화합물이다. 인돌은 자연계와 화학 분야에서 중요한 역할을 하고, 다양한 식물과 동물의 생체 화학에서 발견된다. 또한 식물의 향기를 형성하는데 기여하며 식물의 방어 기작으로 작용하기도 한다.

인돌 구조는 항생제, 항암제, 정신 안정제 등 다양한 약물로 사용된다. 인돌 화합물은 암세포의 성장을 억제 등 항암 작용이 있고, 신경 전달 물질에 관련된 정신 건강 관련 연구에서도 중요한 역할을 한다.

파라크레실 아세티에이트(Para-cresyl acetate)
과일향, 꽃향기를 나타내는 데 사용된다. 사과, 바나나, 체리 등 다양한 과일의 향을 활용한다. 화장품, 향수, 향오일, 방향제 등 다양한 제품에서 사용된다.

나프틸(Naphthyl)
나프탈렌(Naphthalene)과 비슷한 화합물로 화장품, 향수, 향 오일, 염료 등 다양한 제품에서 사용된다.

아네톨(Anethole)
유기 화합물로서 달콤하고, 허브적 향기를 가지고 있다. 주로 별아니스(Star Anise), 물김치향(피너그린), 펜넬(Fennel) 등이다. 주로 음식, 음료, 향수, 화장품 등 다양한 제품에서 활용된다. 또한 소화 촉진, 기침 완화 등의 효능을 가지고 있어 식품 산업과 의약품 산업에서 주목받는 화합물 중 하나이다.

미모사(Mimosa)
종류는 "미모사 푸딩"과 "미모사 술피"(Mimosa pudica)이다.
미모사 푸딩은 잎이 자극을 받으면 반응하여 바로 닫히는데 이러한 반응은 방어 기작 중 하나로서 식물이 자신을 보호하는 것으로 잎이 흥미로운 시각적 경험을 제공한다.

쿠마린(Coumarin)
자연계와 화학 분야에서 중요한 화합물이다. 쿠마린은 다양한 식물에서 발견되며, 특히 장미(Rose), 백단풍(Sweet Woodruff), 바질(Basil) 등에서 추출되거나 합성된다. 향료, 향 오일, 향수, 화장품 등 다양한 제품에서 사용된다.
또한 쿠마린은 항응고 작용이 있어 혈액 응고를 억제하여 의약품 분야에서도 사용된다. 과도한 사용은 간에 무리를 줄 수 있어 적절량 사용을 권한다.

톤카빈즈(Tonka beans)
씨앗으로 달콤하고 바닐라의 향기가 섞인 향을 가지고 있다. 주로 향수, 향오일, 향료, 화장품 등에서 활용된다. 또한 요리나 음료에 사용되어 달콤하고 바닐라와 유사한 풍미를 부여하는 데 사용된다.
하지만 톤카빈즈는 쿠마린이 함유되어 있어 과도한 양으로 소비할 경우 간에 해를 끼칠 수 있어 사용할 때는 적절한 양과 안전한 사용법을 준수하는 것이 중요하다.

헤이(Hay)
건조한 풀, 건초를 말한다. 주로 가축 사료로 사용되며, 건초를 만들기 위해 풀이나 식물을 잘라서 말린 후에 저장한다. 소, 말, 양 등의 가축 식량이다. 건초는 풀이나 작물의 영양을 유지하면서 오랜 기간 동안 저장할 수 있고, 이러한 향기는 주로 시골이나 농촌 지역을 연상시킨다.

에틸렌 브래실래이트〈Ethylene brassylate)
합성 향료로 꽃향이나 청량한 향을 나타내는 데 사용되는 화학물질이다. 많은 향수와 화장품에 사용되며, 자연적인 향기의 개선과 향기의 지속성을 높이는 데 도움이 된다. 주로 섬유와 고급 향수의 기반이나 부가적인 향을 만드는 데 사용된다.

오리스(Orris)
아이리스(Iris) 식물의 뿌리에서 추출되는 고가의 원료이며 화학물질을 말한다. 오리스는 아이리스 꽃의 뿌리를 건조시킨 후 분말로 만든 것으로, 주로 향수 및 화장품, 음료나 음식을 맛내는데 사용하는 중요한 원료이다. 이 향기는 풍부하고 달콤하며 오리스 뿌리는 아이리스 식물이 성장하는 동안 향기가 집중되며, 향을 보존하는데 사용된다. 향수 제조에서 향수의 향과 지속력을 향상시키는 데 사용되고, 주로 베이스 노트로 활용된다.

루바브(Rhubarb)
다육식물로서 뿌리와 줄기를 식용 및 의약용으로 사용하는 사실상 채소에 가까운 식물이다. 루바브는 과일처럼 특유의 신맛을 가지며, 설탕이나 다양한 조미료와 함께 디저트, 잼, 감미료로 사용된다. 하지만 루바브의 섭취량과 사용법에 주의 깊게 고려해야 한다.

머스티(Musty)
습기와 먼지로 인해 퀴퀴한 냄새가 나거나 곰팡이 냄새를 풍기는 상태를 말한다. 이 용어는 주로 물건이나 장소에서 불쾌한 냄새나 특유한 냄새를 묘사하는 데 사용된다. 이 냄새는 오래된 나무, 흙, 창고 등의 냄새를 묘사할 때 쓰인다.

사이클라멘(Cyclamen)
주로 꽃이 대부분 실내에서 재배되며, 정원에서 장식용으로 사용되고 독성이 있어 사람이나 애완동물에게 주의가 필요하다.

칼론(Calone)
주로 향수에 사용되는 화학물질로 해양향을 모방하는 주요 성분 중 하나이다. 칼론은 바다 또는 오션의 상쾌함과 경쾌함을 재현하고 강화하는 역할을 한다.

페놀릭(Phenolic)
페놀이라는 화학 구조 화합물들을 말한다. 페놀릭 화합물은 자연계와 화학 분야에서 중요한 역할을 한다. 이들은 식물의 산화 방지제나 보존제로 사용되고, 항산화 기능이 있어 건강과 노화예방에도 도움이 된다.
페놀릭 화합물은 녹차, 과일, 견과류 등에 풍부하게 포함되어 있다. 식품의 맛과 향을 개선하거나, 화장품이나 향수에 사용된다.

알데하이드(Aldehyde)
유기 화합물로 냄새와 맛에 큰 영향을 미치며, 식품, 음료, 향수, 화장품 등 다양한 분야에서 사용된다. 과일의 향기와 풍미를 형성하여 화장품과 향수에 사용된다.

네추럴 머스크(Natural Musk)
향수 및 화장품 산업에서 사용되는 머스크향의 원료 중 하나이다. 머스크는 동물에서 얻을 수 있는 특유의 감미롭고 고급진 향기로 유명하며, 이를 향수에 사용하여 향기를 부여하는 데 사용된다. 하지만 동물 보호와 관련된 이슈로 논란이 되어 식물이나 인공적인 합성 방법으로 동물을 사용하지 않고 머스크향을 만들기 위해 다양한 방법을 개발하고 사용하고 있다.

번트(Burnt)
물체가 과도한 열 또는 불에 노출될 때의 탄 냄새를 의미한다.

말톨(Maltol)

음식, 음료 및 화장품 산업에서 사용되는 화학물질로서 단맛과 향기를 부여해 음식 및 음료에 감미료로 사용된다. 특히 과일류 향기를 재현하고 더 나은 향과 맛을 위해 사용된다. 말톨은 안전한 음식 첨가물로 인정되어 일부 식품과 음료에 사용되고 있다.

스파이시(spicy)

음식이나 음료가 매운 맛을 가지고 있는 것으로 피망, 고추, 스파이스, 양념 등 화학물질인 캡사이신을 말한다. 스파이시한 음식은 매운 맛과 함께 특유의 향기와 조화를 이루고 식욕을 자극하거나 특별한 맛을 선사하여 매운 맛으로 인한 신선함과 독특한 향기를 연출한다.

정향

클로브(clove)로 꽃봉우리란 뜻이다.

이소이수퍼(Iso E super)

벨벳 같은 느낌의 부드러운 우디 엠버그리스향이다. 머스크, 꽃, 과일과도 모두 잘 어울리고 플로랄(floral)을 잘 부각시켜 준다.

헤디온(Hedione)

다양한 향기를 가진 향수나 제품에서 사용되며, 주로 꽃향을 강화하거나 조화롭게 하는 데 사용된다. 이 화학물질은 밝고 신선하며 플로럴, 시트러스, 우디, 시프레, 오리엔탈 등과 어코드로 사용된다. 섬세, 신선, 따뜻, 우아한 특성으로 인돌(indole)과 함께 재스민 어코드 주성분이다. 다른 꽃들보다 은은하지만 시간이 지남에 따라 선명해지고 무게감과 매력적인 느낌으로 한국인에게 선호도가 매우 높다.

5_계절별 향수의 종류

봄 향수

라임 바질 앤 만다린 코롱

로즈퐁퐁

선데이즈드 바이레도

레전드 스피릿 몽블랑

여름 향수

잉글리시 페어 앤 프리지아	블랑쉬

미르토 디 파나레아

가을 향수

딥디크 탐타오

바이레도 슈퍼 시더

크리드/그린 아이리쉬 트위드

딥디크/필로시코스

겨울 향수

브라보/어나더 13	바이레도/모하비 고스트

나르시소 로드리게즈/블루느와

5 조합 향료

"조합 향료"는 여러 향료 원료를 혼합하여 만든 복합된 향료를 의미한다. 어느 특정한 냄새나 향기를 만들기 위해 다양한 향료 성분을 조합하는 것은 더 복잡하고 풍부한 향을 만들어내는 데 사용된다.

향수, 화장품, 청소용품, 음식 등 다양한 분야에서 조합 향료가 사용되어 특별한 분위기나 아름다운 향기는 특정한 제품의 특성을 강조하는 데 활용된다.

조합 향료는 향의 조합에 따라 매우 다양한 결과물을 만들어 향수나 향기 제품을 개발하는 과정에서 중요한 역할을 한다.

조합 향료는 메인 향을 선정하여 기준으로 삼는다.

메인(family) 향

시트러스	버가못, 레몬, 오렌지, 자몽, 일부 알데하이드
그린	그린, 이슬, 잎, 수액
푸르티	사과, 배, 바나나, 복숭아, 망고 등
플로럴	단일 꽃, 플로럴 부케 등
플로리 엔탈	달콤한 동양적 꽃 노트
푸제르	라벤더, 시트러스, 마린, 숲, 머스크 향
오리엔탈	발사믹 노트, 바닐라, 앰버, 우드가 어우러진 향
우디	백단향, 패출리, 베티버 등 숲 향
키프레	우디, 패출리, 오크모스에 시트러스 향

6

조향 용어

6 조향 용어

향 어코드(Accord)란 음악에서는 화음을 의미하고, 향에서는 서로 다른 향과의 조화를 뜻한다. 두 가지 이상 다른 향료들이 조화를 이루어 만들어진 새로운 향을 말한다.

어코드가 잘 된 향수는 탑, 미들, 베이스 노트 사이의 밸런스는 물론 서로 잘 어울린다.
'어코드가 좋다' : 향료와 서로 다른 향료가 잘 어울려 향의 조화를 이룬 상태를 말한다.
예) 로즈 + 제라늄 / 재스민 + 일랑일랑
'어코드가 좋지 않다' : 향을 발산했을 때 향이 거칠고 조화롭지 않아 불편한 향을 말한다.

용어		뜻
오일리	Oily	기름진 냄새의 올리브유 등
스위트	Sweet	달콤하고 향기로운 향
리치	Rich	재스민처럼 강하고 풍부한 꽃 향
더스티	Dusty	텁텁한, 오래된 책에서 나는 냄새
왁시	Waxy	왁스나 양초에서 나는 냄새
샤프	Sharp	레몬 같이 날카롭고 예리한 느낌의 향
웜	Warm	따뜻한 느낌을 줄 수 있는 시나몬, 진저 같은 느낌의 향
라운드	Round	향료를 조합했을 때 조화를 이룬 상태
소프트	Soft	부드럽고 연한 느낌의 향
레더리	Leathery	가죽제품처럼 단단하고 경직된 거친 듯한 스모키한 냄새
플랫	Flat	향에 특징이 없는 것으로, 특정 향료를 많이 사용해 구분이 흐릿해지는 느낌의 향
밸런스	Balance	균형 잡힌 하나의 향이 튀지 않고 잘 조화된 느낌의 향
트랜스패런트	Transparant	투명, 명백, 깨끗한 느낌의 향

용어		뜻
애니멀릭	Animalic	동물성 향
발사믹	Balsamic	달콤, 부드럽고 따뜻하며 풍부한 느낌을 주는 향으로 바닐라 등
드라이	Dry	나무, 건초 등에서 느낄 수 있는 건조한 냄새, 가루 느낌
얼시	Earthy	비가 내린 뒤 자연의 향으로 흙, 삼림 등의 어울릴 듯한 향
프레쉬	Fresh	생기 있는 신선한 향
하쉬	Harsh	제각기 여러 냄새가 느껴지는 조화가 안 된 향으로 거칠다.
해비	Heavy	무겁고 진한 향으로 일랑일랑 등
라이트	Light	가볍고 신선한 향
마린	Marine	바다 향. 시원한 바닷물을 연상
나르코틱	Narcotic	재스민, 로즈 등 꽃이 시들 때의 향

7

향의 안전성과 안정성

7 향의 안전성과 안정성

1 안전성과 안정성

향기도 화장품과 마찬가지로 유통기간과 개봉 후 사용기간이 있어 향의 안정성과 사람의 안전성을 생각해야 한다.

향료의 보관상 외관에 따른 변취, 변색, 변질 등 안정성의 문제가 생길 수도 있고 이러한 제품을 사람이 사용했을 때 사람에게 나타나는 안전성 문제로 감작성, 광독성, 독성이나 알레르기, 피부 트러블 등으로 표현되기도 한다. 따라서 향료의 사용기한, 개봉 후 사용기간이 안정성이나 안전성에 영향을 미칠 수 있으므로 불투명한 병을 사용하고 햇빛이 없는 곳에 일정한 온도로 보관하는 것 또한 중요하다. 또한 변색을 늦추기 위한 방법으로 산화방지제나 자외선 차단제를 소량 첨가하기도 한다. 조향된 후에 충분한 사전테스트로 안전하고 안정된 제품을 사용할 수 있다.

화장품의 보관

화장품은 빛이 닿지 않고 열이 발생되지 않는 곳, 즉 냉암소에 보관하고, 보통 15℃ 정도가 적당하다. 화장은 밝은 곳에서 하여야 하겠지만 사용 후 보관은 어두운 곳에 하는 것이 좋다. 화장품은 주성분이 물, 오일, 계면활성제로 구성되어 있어 빛과 열, 산소가 있으면 쉽게 산화하여 과산화지질로 바뀌고 피부가 거칠어진다.
화장품은 되도록 불투명 용기를 선택하고, 입구가 작은 것을 선택하는 것이 변질을 막을 수 있다.

화장품 사용기한

유통기한은 소비자에게 안정적으로 유통될 수 있는 최종일자를 말한다.
EXP + 연/월/일, EXP + 일/월/년

화장품의 품질 4대 조건

구 분	내 용
안전성	피부의 자극성, 감작성, 알레르기, 독성 등이 없을 것
안정성	보관 시 자체의 변질, 변색, 변취, 미생물 등의 오염이 없을 것
사용성	사용 시 촉촉함, 지속성, 윤기, 향, 색 등의 기호성 만족
유효성	피부에 세정, 보습, 주름개선, 미백, 자외선 차단, 색채 효과 등을 부여할 것

또한 조합향에는 'MSDS'라는 구입한 향료의 설명서가 있다. 조합향에 대한 '물질안전 보건자료'이며 'MSDS'는 제품을 구입한 구입처에서 요청할 수 있다.

'MSDS'에는 향의 구성 배합과 주의를 요하는 알레르기 유발향, 향의 화학적 성질 등의 자세한 설명이 담겨 있다. 환경을 위해 우려제품은 자체 검사를 해야 하는 경우와 환경부에 신고해야 하는 경우도 있는데, 이때 'MSDS' 자료를 반드시 제출해야 한다.

제품을 판매하거나 창업을 할 때에도 이 자료는 잘 보관하고, 안전에 대한 행동지침으로 삼아야 한다.

MSDS

유해 위험성, 경고 항목, 향료 특징, 향료의 구성 배합 등

2 알레르기 유발물질

화장품에서 착향제는 향료로 표시할 수 있지만 식품의약품안전처가 고시한 반드시 적어야 하는 알레르기 유발성분은 모두 25가지로, 아밀신남알, 벤질알코올, 신나밀알코올, 시트랄, 유제놀, 하이드록시시트로넬알, 이소유제놀, 아밀신나밀알코올, 벤질살리실레이트, 신남알, 쿠마린, 제라니올, 아니스에탄올, 벤질신나메이트, 파네솔, 부틸페닐메틸프로피오날, 리날룰, 벤질벤조에이트, 시트로넬롤, 헥실신남알, 리모넨, 메틸2-옥티노에이트, 알파-이소메칠이오논, 참나무이끼 추출물, 나무이끼 추출물 등이다.

알러지 유발물질 25가지

번호	성분명	CAS 등록번호
1	아밀신남알	CAS No 122-40-7
2	벤질알코올	CAS No 100-51-6
3	신나밀알코올	CAS No 104-54-1
4	시트랄	CAS No 5392-40-5
5	유제놀	CAS No 97-53-0
6	하이드록시시트로넬알	CAS No 107-75-5
7	이소유제놀	CAS No 97-54-1
8	아밀신나밀알코올	CAS No 101-85-9
9	벤질살리실레이트	CAS No 118-58-1
10	신남알	CAS No 104-55-2
11	쿠마린	CAS No 91-64-5
12	제라니올	CAS No 106-24-1
13	아니스에탄올	CAS No 105-13-5
14	벤질신나메이트	CAS No 103-41-3
15	파네솔	CAS No 4602-84-0
16	부틸페닐메틸프로피오날	CAS No 80-54-6
17	리날롤	CAS No 78-70-6
18	벤질벤조에이트	CAS No 120-51-4
19	시트로넬롤	CAS No 106-22-9
20	헥실신남알	CAS No 101-86-0
21	리모넨	CAS No 5989-27-5
22	메틸-2-옥티노에이트	CAS No 111-12-6
23	알파-이소메틸이오논	CAS No 127-51-5
24	참나무이끼 추출물	CAS No 90028-68-5
25	나무이끼 추출물	CAS No 90028-67-4

(출처 : 식품의약품안전처)

3 화장품법

1_화장품법의 입법취지

화장품은 원래 약사법에서 의약품 등의 범위에 포함되어 의약품과 동등하거나 유사하게 규제되어 왔다. 하지만 시기적으로 외국화장품과의 동등한 경쟁여건 확보와 화장품의 특성에 부합되는 적절한 관리, 화장품 산업의 경쟁력 배양을 위한 제도의 도입이 별도로 필요하게 되었다.

이에 1999년 9월 7일 약사법에서 화장품이 분리되어 화장품법이 제정되었다. 화장품법은 화장품의 제조·수입·판매 및 수출 등에 관한 사항을 규정함으로써 국민보건 향상과 화장품 산업의 발전에 기여함을 목적으로 한다.

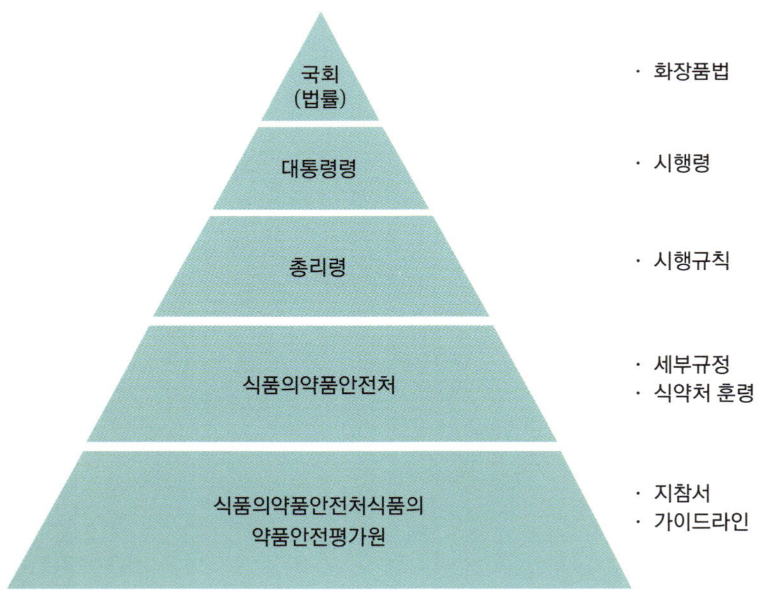

화장품법령 체계

화장품법

- 약사법 1953년 제정
- 화장품법 1999. 09. 07 제정(약사법에서의 독립)
- 2005년 화장품 안전용기 사용 의무화
- 2007년 화장품 전성분 표시 의무화
- 2011년 광고 실증제(과장광고 문제)
- 위해요소는 위해평가의 의무화
- 2020년 3월 14일 맞춤형화장품 조제관리사 제도 실시(매년 1회 시험 실시)

2_화장법에 따른 영업의 종류

영업 종류는 크게 화장품제조업, 화장품책임판매업, 맞춤형화장품판매업으로 나뉜다.

① 화장품제조업

직접 제조(ODM), 위탁 제조(OEM), 화장품 포장(1차 포장)

② 화장품책임판매업

- 화장품을 직접 제조하여 유통 · 판매
- 제조업자에게 위탁하여 제조된 제품을 유통 · 판매
- 수입제품 유통 · 판매, 수입대행 거래(전자상거래에 한함)를 목적으로 화장품 알선 · 수여

③ 맞춤형화장품판매업

- 내용물 + 내용물을 혼합한 화장품 판매
- 내용물 + 원료를 혼합한 화장품 판매
- 화장품의 내용물을 소분한 화장품 판매

3_화장품이란

인체를 청결 · 미화하여 매력을 더하고 용모를 밝게 변화시키거나 피부 · 모발의 건강을 유지 또는 증진하기 위하여 인체에 바르고 문지르거나 뿌리는 등 이와 유사한 방법으로 사용되는 물품으로서 인체에 대한 작용이 경미한 것을 말한다(화장품법 2조 1항).

4_화장품, 의약외품, 의약품의 구분

화장품과 의약품의 차이

구 분	화장품	의약외품	의약품
사용대상	정상인	정상인	환자
사용목적	청결, 미화	위생, 미화	치료 및 진단
사용기간	장기간, 지속적	장기간, 단속적	일정 기간
사용범위	전신	특정 부위	특정 부위
효 능	경미	일정 범위	제한 없음
부작용	없어야 함	없어야 함	있을 수 있음

5_기능성화장품

"기능성화장품"이란 화장품 중에서 다음 각 목의 어느 하나에 해당되는 것으로서 총리령으로 정하는 화장품을 말한다.

① 피부의 미백에 도움을 주는 제품
② 피부 주름 개선에 도움을 주는 제품
③ 피부를 곱게 태우거나 자외선으로부터 피부를 보호하는데 도움을 주는 제품
④ 모발의 색상 변화 · 제거 또는 영양공급에 도움을 주는 제품
⑤ 피부나 모발의 기능 약화로 인한 건조함, 갈라짐, 빠짐, 각질화 등을 방지하거나 개선하는데 도움을 주는 제품

기능성화장품의 법적 범위(화장품법 제2조 제2호)

피부의 미백에 도움을 주는 제품
- 피부에 멜라닌 색소가 침착되는 것을 방지하여 기미 · 주근깨 등의 생성을 억제함으로써 피부 미백에 도움 기능
- 피부에 침착된 멜라닌 색소의 색을 엷게 하여 피부의 미백에 도움 기능

피부 주름 개선에 도움을 주는 제품
- 피부에 탄력을 주어 피부의 주름을 완화 또는 개선에 도움 기능

피부를 곱게 태우거나 자외선으로부터 피부를 보호하는데 도움을 주는 제품
- 강한 햇볕을 방지하여 피부를 곱게 태워주는 기능
- 자외선을 차단 또는 산란시켜서 자외선으로부터 피부를 보호하는 기능

모발의 색상 변화 · 제거 또는 영양공급에 도움을 주는 제품
- 모발의 색상을 변화(탈염, 탈색)시키는 기능(일시적으로 모발 색상을 변화시키는 제품은 제외)
- 체모를 제거하는 기능(물리적으로 체모를 제거하는 제품 제외)

피부나 모발의 기능 약화로 인한 건조함, 갈라짐, 빠짐, 각질화 등을 방지하거나 개선하는데 도움을 주는 제품
- 탈모 증상의 완화에 도움이 되는 기능(코팅 등 물리적으로 모발을 굵어 보이게 하는 제품은 제외)
- 여드름성 피부를 완화하는데 도움이 되는 기능(인체 세정용 제품류로 한정)
- 피부장벽(각질층)의 기능을 회복하여 가려움 등의 개선에 도움이 되는 기능
- 튼살로 인한 붉은 선을 엷게 하는 데 도움이 되는 기능

6_화장품의 유형 13가지

영유아용	만 3세 이하의 어린이가 사용하는 샴푸, 린스, 로션, 크림, 오일, 인체 세정용 제품, 목욕용 제품 표면의 노폐물, 메이크업 잔여물, 먼지 등을 제거하여 피부를 청결(위생)하게 한다.
목욕용	샤워, 목욕 시에 전신에 사용 후 바로 씻어내는 제품
인체 세정용	손, 얼굴에 주로 사용 후 바로 씻어내는 제품
눈 화장용	눈 주위에 매력을 더하기 위해 사용하는 메이크업 제품
방향용	향을 몸에 지니거나 뿌리는 제품
두발 염색용	모발의 색을 변화시키거나(염모) 탈색(탈염)시키는 제품
색조 화장용	얼굴과 신체에 매력을 더하기 위해 사용되는 메이크업 제품
두발용	모발의 세정, 컨디셔닝, 정발, 웨이브 형성, 스트레이팅, 증모 효과에 사용하는 제품
손발톱용	손톱과 발톱의 관리 및 메이크업에 사용되는 제품
면도용	면도할 때와 면도 후에 피부보호 및 피부 진정 등에 사용하는 제품
기초 화장용	피부의 보습, 수렴, 유연(에몰리언트), 영양공급, 세정 등에 사용하는 스킨케어 제품
체취 방지용	몸에서 나는 냄새를 제거하거나 줄여주는 제품
체모 제거용	몸에 난 털을 제거하는 제모에 사용하는 제품

일반화장품 체크

- 제모왁스 - 물리적 체모 제거
- 헤어틴트, 헤어스프레이 - 일시적 모발색 변화
- 흑채

8

향료의 조향 방법

8 향료의 조향 방법

1 향료 조향 시 팁

가장 잦은 실수 중의 하나는 탑 노트를 맡아보고 각각의 향이 좋으니 블렌딩을 해도 좋은 향이 나온다는 착각을 하는 경우가 많다. 향은 향 전문가가 연구하여 만들어낸 어코드가 좋은 완성된 작품이다. 개인의 취향에 따른 호불호가 나눠기는 하지만 좋아하는 향으로만 블렌딩을 하게 된다면 실망스러운 향료가 될 가능성이 크다.

탑 노트는 향의 첫인상을 결정하기는 하지만 향의 본질은 미들 노트와 베이스 노트에 있다.

미들 노트의 향료를 시향지나, 무향의 티슈, 천에 선택한 향료들을 각각 뿌린 후 1시간~3시간이 지난 후 향을 다시 맡아본 후 비슷한 향이나, 잘 어우러지는 향들을 골라서 탑 노트와 블렌딩해 보면 잘 어우러질 가능성이 높다.

향료의 선정이 어렵게 느껴진다면 같은 브랜드의 향수나 단순한 노트의 향수를 우선 생각해 두는 것이 좋다. 그 이유는 같은 브랜드의 향수는 선호하는 콘셉트가 있을 수 있고, 동일 조향사가 작업하는 경우가 있기 때문에 주로 사용하는 노트 향과 어코드가 반영될 가능성이 높기 때문에 성공 확률이 높아진다.

단순 노트들은 접근이 용이하기 때문이다. 예를 들어, 조말론은 향수 이름에 나타난 향을 메인으로 하지만 메인 향을 제외하면 나머지는 비슷하게(심플 컴파운딩 방식) 조향하기 때문에 어코드된 향수가 나올 수 있다.

향들의 선정 후에는 향료를 서로 다른 비율로 조합하면서 향의 변화를 관찰하고, 각각의 비율을 정하면 된다. 향료는 작은 양으로 시작하여 점진적으로 추가하여야 한다. 많이 들어간 향료는 뺄 수가 없기 때문에 추가하는 방식으로 향을 만든다. 그리고 향료가 피부에 반응하거나 공기 중에 변화하는 점도 고려하여야 한다. 이러한 과정을 통해 향의 밸런스와 원하는 느낌을 찾아서 자신만의 베리에이션(창의적인 결과물)을 만날 수 있을 것이다.

예) A향 2펌프 + B향 1펌프 / A향 0.5펌프 + B향 1펌프 등

조향하는 조합 비율, 향료의 변화 과정과 결과 등을 기록하여 나중에 참고할 수 있도록 하여 개선, 발전할 수 있도록 한다. 조향은 경험과 감각이 중요한 역할을 하며 실험을 통해 다양한 향을 만들어보며, 자신만의 향 창조 과정을 경험해 보아야 한다.

전문 조향사 연구팀들은 업체의 요청에 적합한 향을 만들기 위해 연구와 개발을 거듭하여 새로운 향을 창조한다. 원하는 정확한 향을 설계하고 개발하기 위해서는 매일 매일의 꾸준한 향기 맡는 트레이닝을 통해서 끊임없는 노력이 필요하다.

2 향료 조향 시 주의사항

향료 조향 시 주의사항은 안전한 작업과 환경을 유지하기 위해 중요하고 향료의 변질을 막기 위해 필요하다. 향료는 강력한 화학물질일 수 있으므로 다룰 때 주의하여야 한다.

- 안전하게 조향할 수 있도록 주위를 정리하여 위험에서 벗어난다.
- 모든 재료들은 아이들이나 애견, 애묘 등에 닿지 않도록 한다.
- 재료들을 먹거나 마시지 않는다.
- 재료가 눈에 들어가지 않도록 하고, 들어갔을 경우 바로 물로 씻어낸 후 병원으로 간다.
- 향료들의 뚜껑이 바뀌지 않도록 한다.
- 환기시스템을 활용한다.
- 향료는 인화성일 수 있으므로 불을 사용하지 않도록 한다
- 후각이 무감각(계속적 한 향에 노출)하지 않은 상태에서 향을 조향하도록 한다.
- 특정 향료의 사용법과 안전 정보를 숙지, 제조사의 제품의 위험성과 안전 사용 방법에 대한 정보를 얻을 수 있다.

9
25
ml
20
10
approx. vol.

후각 훈련

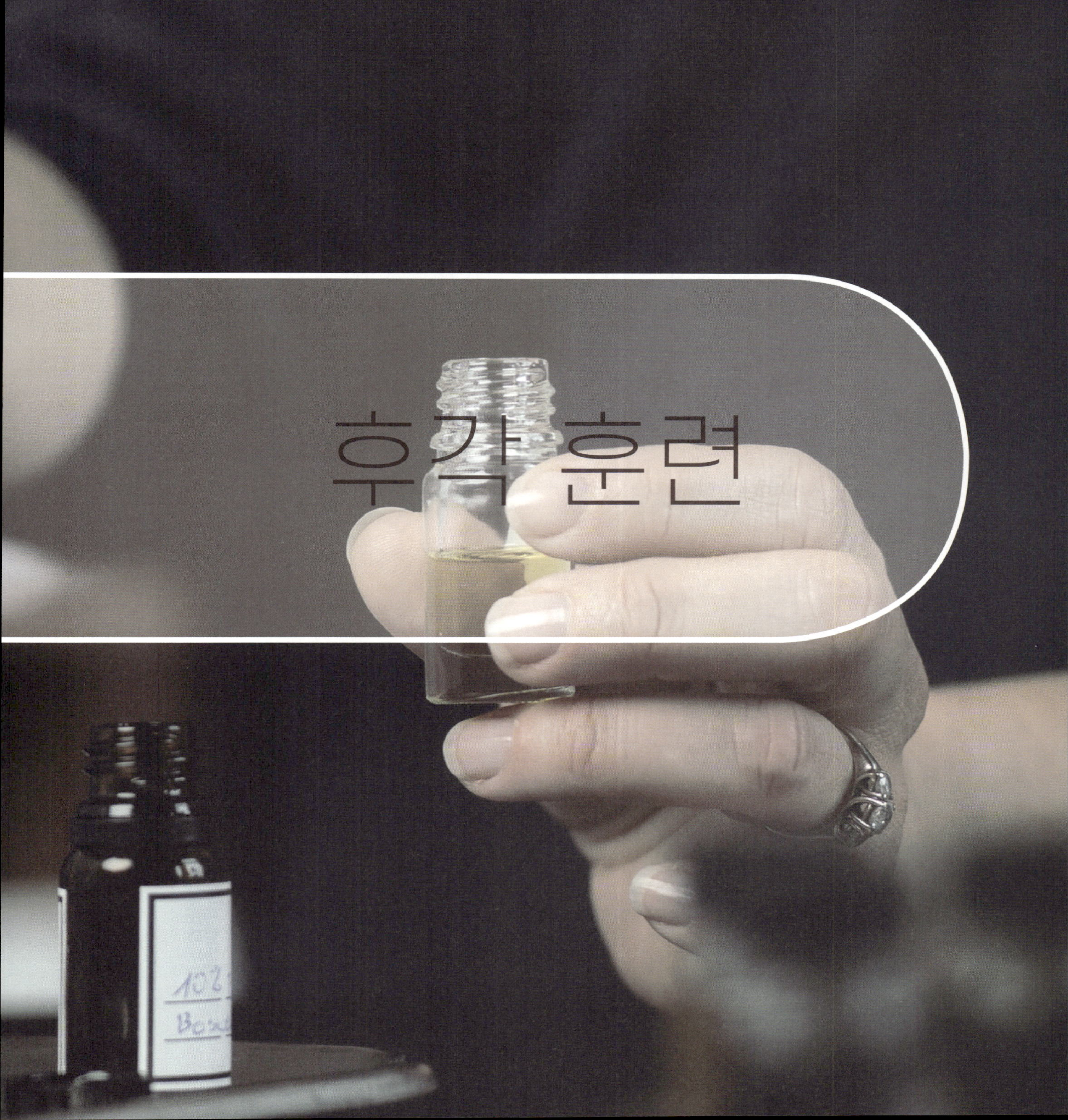

9 후각 훈련

후각 훈련에 앞서 향료 구입 시 좋은 품질의 향료 선택을 당부한다. 명품과 짝퉁이 있듯이 향에도 품질의 차이가 크다. 품질의 차이는 단순히 향의 느낌에만 있는 것이 아니라 아로마 테라피에서는 인체에도 많은 영향을 미칠 수 있기 때문이다. 품질이 낮은 향은 잘못된 인식과 정보로 학습하여 오류를 범할 수 있기 때문이다.

좋은 향을 선택하더라도 전문가의 정보를 항상 학습해야 한다. 향은 조향사의 주관적인 부분을 많이 담고 만들어지기 때문에 주관적인 향으로만 그칠 수 있다. 향은 주관적이지만 객관적으로 조향해야 한다. 향은 개인의 기억과 개인의 이미지로 만들어지기 때문에 개인의 주관적인 향의 이미지는 상대방이 이해하기 어렵다. 때문에 주관을 객관화시키는 작업이 반드시 필요하다. 그래야 불통이 아닌 소통으로 원하는 향을 블렌딩할 수 있고, 그러기 위해서는 책에 나와 있는 향료의 향취를 습득해야 한다.

1 후각 훈련의 목적

Olfactory training(후각훈련)이나 odor training(냄새훈련)이라고 하며 향에 대한 해석, 구성, 관능훈련 등이 이에 필요하다.기존 향들의 리마인드(remind)와 새로이 출시되는 새로운 향료들을 파악하고 밸런스 잡힌 어코드를 개발하는데 꼭 필요한 훈련이다.

2 후각 훈련의 방법

향의 원액을 직접 맡기보다는 시향지에 알코올이 날아간 후에 향을 맡고, 시간의 경과에 따른 향의 변화를 체크하는 것도 중요하다.

또 다른 방법으로 향의 원액을 희석(1 ~ 10%)하여 사용하는 방법이다. 이는 후각의 피로도와 마비를 방지하기 위해 원액보다 효과적이고 희석된 원료가 빠른 시간에 더 디테일하게 향취를 맡을 수 있기 때문이다. 향기 훈련의 경우 하나의 향료를 지속적으로 맡아 시간의 경과에 따른 향의 변화와 시료의 이해도를 높이는 것이다.

3 후각 훈련 노트의 사용 방법

후각 훈련 노트는 향의 변화를 기록한 것으로 크게 첫 향의 느낌과 3시간 후와 8시간 후에 기록하도록 나누어 놓았다. 향이 시간의 흐름에 따라 변화하는 향취를 알고 느끼지 못했던 향도 나타날 수 있기 때문이다. 앞에서 언급한 것처럼 향은 주관적인 부분임을 잊지 않고 객관화시키기 위해 본인이 작성한 주관적 느낌을 확인해 볼 필요가 있다. 조향사들은 끊임없이 스터디나 팀별 학습, 향에 대한 의견들을 계속 주고받는다. 신입 조향사들은 오류를 범할 수 있기에 경력자와 경험이 쌓일 때까지는 피드백을 받으며 함께 향을 학습하는 것이 필요하다.

후각 훈련 노트	"Natural" & "Fragrance"

원료명	Lavender oil	

추출 부위		
추출 방법		
노 트		
향취 (Formal Description)	Natural oil	Blended oil
처음 맡을 때		
3시간 후		
8시간 후		
특이 사항		

원료명	Eucalyptus oil	

추출 부위		
추출 방법		
노 트		
향취 (Formal Description)	Natural oil	Blended oil
처음 맡을 때		
3시간 후		
8시간 후		
특이 사항		

원료명	Geranium oil	

추출 부위		
추출 방법		
노트		
향취 (Formal Description)	Natural oil	Blended oil
처음 맡을 때		
3시간 후		
8시간 후		
특이 사항		

<table>
<tr><td>원료명</td><td colspan="2">Basil oil</td></tr>
<tr><td colspan="3"></td></tr>
<tr><td>추출 부위</td><td colspan="2"></td></tr>
<tr><td>추출 방법</td><td colspan="2"></td></tr>
<tr><td>노 트</td><td colspan="2"></td></tr>
<tr><td rowspan="2">향취
(Formal Description)</td><td>Natural oil</td><td>Blended oil</td></tr>
<tr><td></td><td></td></tr>
<tr><td>처음 맡을 때</td><td colspan="2"></td></tr>
<tr><td>3시간 후</td><td colspan="2"></td></tr>
<tr><td>8시간 후</td><td colspan="2"></td></tr>
<tr><td colspan="3">특이 사항</td></tr>
<tr><td></td><td colspan="2"></td></tr>
</table>

<table>
<tr><td>원료명</td><td colspan="2">Mandarin oil</td></tr>
<tr><td colspan="3"></td></tr>
<tr><td>추출 부위</td><td colspan="2"></td></tr>
<tr><td>추출 방법</td><td colspan="2"></td></tr>
<tr><td>노 트</td><td colspan="2"></td></tr>
<tr><td rowspan="2">향취
(Formal Description)</td><td>Natural oil</td><td>Blended oil</td></tr>
<tr><td></td><td></td></tr>
<tr><td>처음 맡을 때</td><td colspan="2"></td></tr>
<tr><td>3시간 후</td><td colspan="2"></td></tr>
<tr><td>8시간 후</td><td colspan="2"></td></tr>
<tr><td colspan="3">특이 사항</td></tr>
<tr><td></td><td colspan="2"></td></tr>
</table>

원료명	Bergamot oil	

추출 부위		
추출 방법		
노 트		
향취 (Formal Description)	Natural oil	Blended oil
처음 맡을 때		
3시간 후		
8시간 후		
특이 사항		

원료명	Grapefruit oil	

추출 부위		
추출 방법		
노 트		
향취 (Formal Description)	Natural oil	Blended oil
처음 맡을 때		
3시간 후		
8시간 후		
특이 사항		

원료명	Lime oil	

추출 부위		
추출 방법		
노 트		
향취 (Formal Description)	Natural oil	Blended oil
처음 맡을 때		
3시간 후		
8시간 후		
특이 사항		

<table>
<tr><th>원료명</th><th colspan="2">Lemon oil</th></tr>
<tr><td colspan="3"></td></tr>
<tr><td>추출 부위</td><td colspan="2"></td></tr>
<tr><td>추출 방법</td><td colspan="2"></td></tr>
<tr><td>노 트</td><td colspan="2"></td></tr>
<tr><td rowspan="2">향취
(Formal Description)</td><td>Natural oil</td><td>Blended oil</td></tr>
<tr><td></td><td></td></tr>
<tr><td>처음 맡을 때</td><td colspan="2"></td></tr>
<tr><td>3시간 후</td><td colspan="2"></td></tr>
<tr><td>8시간 후</td><td colspan="2"></td></tr>
<tr><td colspan="3">특이 사항</td></tr>
<tr><td></td><td colspan="2"></td></tr>
</table>

원료명	Pine oil	

추출 부위		
추출 방법		
노 트		
향취 (Formal Description)	Natural oil	Blended oil
처음 맡을 때		
3시간 후		
8시간 후		
특이 사항		

<table>
<tr><td>원료명</td><td colspan="2">Chamomile(roman) oil</td></tr>
<tr><td colspan="3"></td></tr>
<tr><td>추출 부위</td><td colspan="2"></td></tr>
<tr><td>추출 방법</td><td colspan="2"></td></tr>
<tr><td>노 트</td><td colspan="2"></td></tr>
<tr><td rowspan="2">향취
(Formal Description)</td><td>Natural oil</td><td>Blended oil</td></tr>
<tr><td></td><td></td></tr>
<tr><td>처음 맡을 때</td><td colspan="2"></td></tr>
<tr><td>3시간 후</td><td colspan="2"></td></tr>
<tr><td>8시간 후</td><td colspan="2"></td></tr>
<tr><td colspan="3">특이 사항</td></tr>
<tr><td></td><td colspan="2"></td></tr>
</table>

원료명	Rose oil (absolute)	

추출 부위		
추출 방법		
노 트		
향취 (Formal Description)	Natural oil	Blended oil
처음 맡을 때		
3시간 후		
8시간 후		
특이 사항		

<table>
<tr><td>원료명</td><td colspan="2">Neroli oil</td></tr>
<tr><td colspan="3"></td></tr>
<tr><td>추출 부위</td><td colspan="2"></td></tr>
<tr><td>추출 방법</td><td colspan="2"></td></tr>
<tr><td>노 트</td><td colspan="2"></td></tr>
<tr><td rowspan="2">향취
(Formal Description)</td><td>Natural oil</td><td>Blended oil</td></tr>
<tr><td></td><td></td></tr>
<tr><td>처음 맡을 때</td><td colspan="2"></td></tr>
<tr><td>3시간 후</td><td colspan="2"></td></tr>
<tr><td>8시간 후</td><td colspan="2"></td></tr>
<tr><td colspan="3">특이 사항</td></tr>
<tr><td></td><td colspan="2"></td></tr>
</table>

원료명	Ylang-ylang oil	

추출 부위		
추출 방법		
노 트		
향취 (Formal Description)	Natural oil	Blended oil
처음 맡을 때		
3시간 후		
8시간 후		
특이 사항		

<table>
<tr><td>원료명</td><td colspan="2">Jasmine oil</td></tr>
<tr><td colspan="3"></td></tr>
<tr><td>추출 부위</td><td colspan="2"></td></tr>
<tr><td>추출 방법</td><td colspan="2"></td></tr>
<tr><td>노 트</td><td colspan="2"></td></tr>
<tr><td rowspan="2">향취
(Formal Description)</td><td>Natural oil</td><td>Blended oil</td></tr>
<tr><td></td><td></td></tr>
<tr><td>처음 맡을 때</td><td colspan="2"></td></tr>
<tr><td>3시간 후</td><td colspan="2"></td></tr>
<tr><td>8시간 후</td><td colspan="2"></td></tr>
<tr><td colspan="3">특이 사항</td></tr>
<tr><td></td><td colspan="2"></td></tr>
</table>

원료명	Spearmint oil	

추출 부위		
추출 방법		
노 트		
향취 (Formal Description)	Natural oil	Blended oil
처음 맡을 때		
3시간 후		
8시간 후		
특이 사항		

원료명	Peppermin oil	

추출 부위		
추출 방법		
노 트		
향취 (Formal Description)	Natural oil	Blended oil
처음 맡을 때		
3시간 후		
8시간 후		
특이 사항		

<table>
<tr><th>원료명</th><th colspan="2">Clary sage oil</th></tr>
<tr><td colspan="3"></td></tr>
<tr><td>추출 부위</td><td colspan="2"></td></tr>
<tr><td>추출 방법</td><td colspan="2"></td></tr>
<tr><td>노 트</td><td colspan="2"></td></tr>
<tr><td rowspan="2">향취
(Formal Description)</td><td>Natural oil</td><td>Blended oil</td></tr>
<tr><td></td><td></td></tr>
<tr><td>처음 맡을 때</td><td colspan="2"></td></tr>
<tr><td>3시간 후</td><td colspan="2"></td></tr>
<tr><td>8시간 후</td><td colspan="2"></td></tr>
<tr><td colspan="3">특이 사항</td></tr>
<tr><td></td><td colspan="2"></td></tr>
</table>

<table>
<tr><th>원료명</th><th colspan="2">Myrrh oil</th></tr>
<tr><td colspan="3"></td></tr>
<tr><td>추출 부위</td><td colspan="2"></td></tr>
<tr><td>추출 방법</td><td colspan="2"></td></tr>
<tr><td>노 트</td><td colspan="2"></td></tr>
<tr><td rowspan="2">향취
(Formal Description)</td><td>Natural oil</td><td>Blended oil</td></tr>
<tr><td></td><td></td></tr>
<tr><td>처음 맡을 때</td><td colspan="2"></td></tr>
<tr><td>3시간 후</td><td colspan="2"></td></tr>
<tr><td>8시간 후</td><td colspan="2"></td></tr>
<tr><td colspan="3">특이 사항</td></tr>
<tr><td></td><td colspan="2"></td></tr>
</table>

<table>
<tr><th>원료명</th><th colspan="2">Cedarwood oil</th></tr>
<tr><td colspan="3"></td></tr>
<tr><td>추출 부위</td><td colspan="2"></td></tr>
<tr><td>추출 방법</td><td colspan="2"></td></tr>
<tr><td>노 트</td><td colspan="2"></td></tr>
<tr><td rowspan="2">향취
(Formal Description)</td><td>Natural oil</td><td>Blended oil</td></tr>
<tr><td></td><td></td></tr>
<tr><td>처음 맡을 때</td><td colspan="2"></td></tr>
<tr><td>3시간 후</td><td colspan="2"></td></tr>
<tr><td>8시간 후</td><td colspan="2"></td></tr>
<tr><td colspan="3">특이 사항</td></tr>
<tr><td></td><td colspan="2"></td></tr>
</table>

<table>
<tr><td>원료명</td><td colspan="2">Sandalwood oil</td></tr>
<tr><td colspan="3"></td></tr>
<tr><td>추출 부위</td><td colspan="2"></td></tr>
<tr><td>추출 방법</td><td colspan="2"></td></tr>
<tr><td>노 트</td><td colspan="2"></td></tr>
<tr><td rowspan="2">향취
(Formal Description)</td><td>Natural oil</td><td>Blended oil</td></tr>
<tr><td></td><td></td></tr>
<tr><td>처음 맡을 때</td><td colspan="2"></td></tr>
<tr><td>3시간 후</td><td colspan="2"></td></tr>
<tr><td>8시간 후</td><td colspan="2"></td></tr>
<tr><td colspan="3">특이 사항</td></tr>
<tr><td></td><td colspan="2"></td></tr>
</table>

원료명	Frankincense oil	

추출 부위		
추출 방법		
노 트		
향취 (Formal Description)	Natural oil	Blended oil
처음 맡을 때		
3시간 후		
8시간 후		
특이 사항		

원료명	Nutmeg oil	

추출 부위		
추출 방법		
노 트		
향취 (Formal Description)	Natural oil	Blended oil
처음 맡을 때		
3시간 후		
8시간 후		
특이 사항		

<table>
<tr><td>원료명</td><td colspan="2">Ginger oil</td></tr>
<tr><td colspan="3"></td></tr>
<tr><td>추출 부위</td><td colspan="2"></td></tr>
<tr><td>추출 방법</td><td colspan="2"></td></tr>
<tr><td>노 트</td><td colspan="2"></td></tr>
<tr><td rowspan="2">향취
(Formal Description)</td><td>Natural oil</td><td>Blended oil</td></tr>
<tr><td></td><td></td></tr>
<tr><td>처음 맡을 때</td><td colspan="2"></td></tr>
<tr><td>3시간 후</td><td colspan="2"></td></tr>
<tr><td>8시간 후</td><td colspan="2"></td></tr>
<tr><td colspan="3">특이 사항</td></tr>
<tr><td></td><td colspan="2"></td></tr>
</table>

<table>
<tr><th>원료명</th><th colspan="2">Vetiver oil</th></tr>
<tr><td colspan="3"></td></tr>
<tr><td>추출 부위</td><td colspan="2"></td></tr>
<tr><td>추출 방법</td><td colspan="2"></td></tr>
<tr><td>노 트</td><td colspan="2"></td></tr>
<tr><td rowspan="2">향취
(Formal Description)</td><td>Natural oil</td><td>Blended oil</td></tr>
<tr><td></td><td></td></tr>
<tr><td>처음 맡을 때</td><td colspan="2"></td></tr>
<tr><td>3시간 후</td><td colspan="2"></td></tr>
<tr><td>8시간 후</td><td colspan="2"></td></tr>
<tr><td colspan="3">특이 사항</td></tr>
<tr><td></td><td colspan="2"></td></tr>
</table>

<table>
<tr><td>원료명</td><td colspan="2">Cinnamon oil</td></tr>
<tr><td colspan="3"></td></tr>
<tr><td>추출 부위</td><td colspan="2"></td></tr>
<tr><td>추출 방법</td><td colspan="2"></td></tr>
<tr><td>노 트</td><td colspan="2"></td></tr>
<tr><td rowspan="2">향취
(Formal Description)</td><td>Natural oil</td><td>Blended oil</td></tr>
<tr><td></td><td></td></tr>
<tr><td>처음 맡을 때</td><td colspan="2"></td></tr>
<tr><td>3시간 후</td><td colspan="2"></td></tr>
<tr><td>8시간 후</td><td colspan="2"></td></tr>
<tr><td colspan="3">특이 사항</td></tr>
<tr><td></td><td colspan="2"></td></tr>
</table>

원료명	oil	
추출 부위		
추출 방법		
노 트		
향취 (Formal Description)	Natural oil	Blended oil
처음 맡을 때		
3시간 후		
8시간 후		
특이 사항		

원료명	oil	
추출 부위		
추출 방법		
노 트		
향취 (Formal Description)	Natural oil	Blended oil
처음 맡을 때		
3시간 후		
8시간 후		
특이 사항		

<table>
<tr><td>원료명</td><td colspan="2">oil</td></tr>
<tr><td colspan="3"></td></tr>
<tr><td>추출 부위</td><td colspan="2"></td></tr>
<tr><td>추출 방법</td><td colspan="2"></td></tr>
<tr><td>노 트</td><td colspan="2"></td></tr>
<tr><td rowspan="2">향취
(Formal Description)</td><td>Natural oil</td><td>Blended oil</td></tr>
<tr><td></td><td></td></tr>
<tr><td>처음 맡을 때</td><td colspan="2"></td></tr>
<tr><td>3시간 후</td><td colspan="2"></td></tr>
<tr><td>8시간 후</td><td colspan="2"></td></tr>
<tr><td colspan="3">특이 사항</td></tr>
<tr><td></td><td colspan="2"></td></tr>
</table>

원료명	oil	
추출 부위		
추출 방법		
노 트		
향취 (Formal Description)	Natural oil	Blended oil
처음 맡을 때		
3시간 후		
8시간 후		
특이 사항		

원료명	oil	
추출 부위		
추출 방법		
노 트		
향취 (Formal Description)	Natural oil	Blended oil
처음 맡을 때		
3시간 후		
8시간 후		
특이 사항		

<table>
<tr><th>원료명</th><th colspan="2">oil</th></tr>
<tr><td colspan="3"></td></tr>
<tr><td>추출 부위</td><td colspan="2"></td></tr>
<tr><td>추출 방법</td><td colspan="2"></td></tr>
<tr><td>노 트</td><td colspan="2"></td></tr>
<tr><td rowspan="2">향취
(Formal Description)</td><td>Natural oil</td><td>Blended oil</td></tr>
<tr><td></td><td></td></tr>
<tr><td>처음 맡을 때</td><td colspan="2"></td></tr>
<tr><td>3시간 후</td><td colspan="2"></td></tr>
<tr><td>8시간 후</td><td colspan="2"></td></tr>
<tr><td colspan="3">특이 사항</td></tr>
<tr><td></td><td colspan="2"></td></tr>
</table>

<table>
<tr><td>원료명</td><td colspan="2">oil</td></tr>
<tr><td colspan="3"></td></tr>
<tr><td>추출 부위</td><td colspan="2"></td></tr>
<tr><td>추출 방법</td><td colspan="2"></td></tr>
<tr><td>노 트</td><td colspan="2"></td></tr>
<tr><td rowspan="2">향취
(Formal Description)</td><td>Natural oil</td><td>Blended oil</td></tr>
<tr><td></td><td></td></tr>
<tr><td>처음 맡을 때</td><td colspan="2"></td></tr>
<tr><td>3시간 후</td><td colspan="2"></td></tr>
<tr><td>8시간 후</td><td colspan="2"></td></tr>
<tr><td colspan="3">특이 사항</td></tr>
<tr><td></td><td colspan="2"></td></tr>
</table>

<table>
<tr><td>원료명</td><td colspan="2">oil</td></tr>
<tr><td colspan="3"></td></tr>
<tr><td>추출 부위</td><td colspan="2"></td></tr>
<tr><td>추출 방법</td><td colspan="2"></td></tr>
<tr><td>노 트</td><td colspan="2"></td></tr>
<tr><td rowspan="2">향취
(Formal Description)</td><td>Natural oil</td><td>Blended oil</td></tr>
<tr><td></td><td></td></tr>
<tr><td>처음 맡을 때</td><td colspan="2"></td></tr>
<tr><td>3시간 후</td><td colspan="2"></td></tr>
<tr><td>8시간 후</td><td colspan="2"></td></tr>
<tr><td colspan="3">특이 사항</td></tr>
<tr><td></td><td colspan="2"></td></tr>
</table>

<table>
<tr><td>원료명</td><td colspan="2">Ethylene brassylate(에틸렌 브래실레이트)</td></tr>
<tr><td rowspan="3">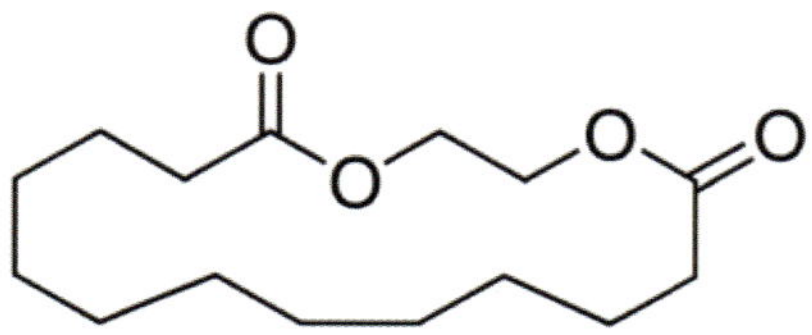</td><td>Cas No.</td><td></td></tr>
<tr><td>성상
(Appearance)</td><td></td></tr>
<tr><td>노트</td><td></td></tr>
<tr><td>향취
(Formal Description)</td><td colspan="2"></td></tr>
<tr><td>처음 맡을 때</td><td colspan="2"></td></tr>
<tr><td>3시간 후</td><td colspan="2"></td></tr>
<tr><td>8시간 후</td><td colspan="2"></td></tr>
<tr><td colspan="3">특이 사항</td></tr>
<tr><td colspan="3"></td></tr>
</table>

원료명	Hedione(헤디온)	
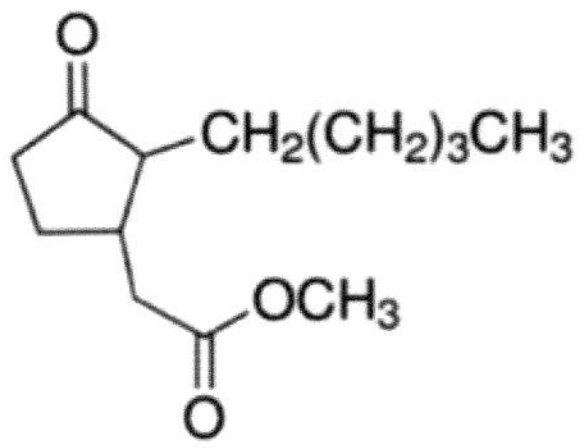	Cas No.	
	성상 (Appearance)	
	노트	
향취 (Formal Description)		
처음 맡을 때		
3시간 후		
8시간 후		

특이 사항

<table>
<tr><td>원료명</td><td colspan="2">Iso E super (이소 이 수퍼)</td></tr>
<tr><td rowspan="3">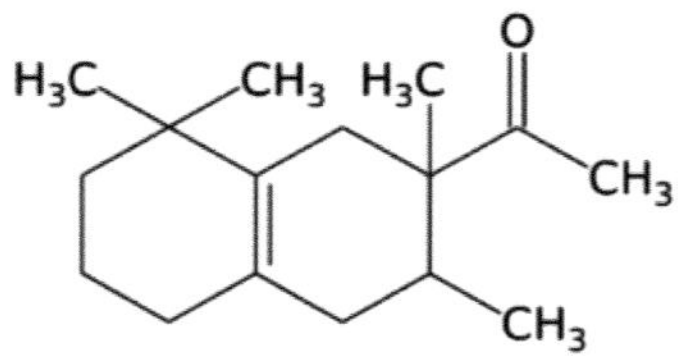</td><td>Cas No.</td><td></td></tr>
<tr><td>성상
(Appearance)</td><td></td></tr>
<tr><td>노트</td><td></td></tr>
<tr><td>향취
(Formal Description)</td><td colspan="2"></td></tr>
<tr><td>처음 맡을 때</td><td colspan="2"></td></tr>
<tr><td>3시간 후</td><td colspan="2"></td></tr>
<tr><td>8시간 후</td><td colspan="2"></td></tr>
<tr><td colspan="3">특이 사항</td></tr>
<tr><td colspan="3"></td></tr>
</table>

<table>
<tr><td>원료명</td><td colspan="2"></td></tr>
<tr><td rowspan="3"></td><td>Cas No.</td><td></td></tr>
<tr><td>성상
(Appearance)</td><td></td></tr>
<tr><td>노트</td><td></td></tr>
<tr><td>향취
(Formal Description)</td><td colspan="2"></td></tr>
<tr><td>처음 맡을 때</td><td colspan="2"></td></tr>
<tr><td>3시간 후</td><td colspan="2"></td></tr>
<tr><td>8시간 후</td><td colspan="2"></td></tr>
<tr><td colspan="3">특이 사항</td></tr>
<tr><td colspan="3"></td></tr>
</table>

원료명		
	Cas No.	
	성상 (Appearance)	
	노트	
향취 (Formal Description)		
처음 맡을 때		
3시간 후		
8시간 후		
특이 사항		

<table>
<tr><td>원료명</td><td colspan="2"></td></tr>
<tr><td rowspan="3"></td><td>Cas No.</td><td></td></tr>
<tr><td>성상
(Appearance)</td><td></td></tr>
<tr><td>노트</td><td></td></tr>
<tr><td>향취
(Formal Description)</td><td colspan="2"></td></tr>
<tr><td>처음 맡을 때</td><td colspan="2"></td></tr>
<tr><td>3시간 후</td><td colspan="2"></td></tr>
<tr><td>8시간 후</td><td colspan="2"></td></tr>
<tr><td colspan="3">특이 사항</td></tr>
<tr><td colspan="3"></td></tr>
</table>

10

조향 실습

10 조향 실습

1 향료 블렌딩 설계

조향 레시피는 저울을 이용하여 중량 퍼센트 100%를 계량하는 방법으로 많이 쓰인다.

저울이 없는 경우는 향료의 방울(drop)수로 향을 정량하는 방법도 있지만, 대부분은 저울을 이용하여 생산하는 방법이 많이 쓰인다. 실제 조향사의 처방을 보면 수십 가지의 향이 사용된다. 하지만 대부분의 향료들은 일반 사람들이 구하기 힘든 상황으로 키트로 나온 간단한 블렌딩을 이용하는 것도 좋은 방법이다. 조향은 꾸준한 학습과 연습을 통하여 향료의 어코드를 찾아갈 수 있음을 기억하고 조급해하지 말고 향에 대해 천천히 알아가야 한다.

푸제르(시트러스 계열의 향기) 노트 예시

노트	원료	비율(%)
Top	그레이프프룻, 버가못	20~30%
Middle	제라늄, 로즈	20~30%
Base	샌달우드, 모스	30~50%

2 향료 블렌딩 처방

비율은 향의 강도와 특성을 조절하여 원하는 다양한 원료를 시도하여 원하는 향기를 창조할 수 있다.

1_예시

원료(Ingredients)	비율(%)	drop 환산	
오렌지	10	1	3
버가못	20	2	6
라벤더	40	4	12
로즈우드	20	2	6
베티버	10	1	3
Total	100	10 or 30	

2_천연 향수 만들기

① 기본재료 및 도구

무수에탄올, 가용화제(솔루빌라이저), 정유(E.O), 향수용기(10ml), 유리막대, 비커, 저울

② 만드는 방법

- 가용화제 비커에 계량
- 정유(E.O) 계량 후 잘 젓는다.
- 에탄올 계량 후 잘 젓는다.
- 향수 용기에 담는다.
- 1주일 이상 숙성 후 사용한다.

③ 사용 방법

관자놀이, 귀 뒤, 팔목 안쪽 등 맥박 포인트에 사용

Anti-stress

재료		비율(%)
가용화제(솔루빌라이저)		2g
정유(E.O)	그레이프프룻	20drops
	레몬	8drops
	오렌지	8drops
	로즈우드	4drops
무수알코올		4g
플로럴 워터	네롤리 워터 1g	1g

집중력

재료		비율(%)
가용화제(솔루빌라이저)		2g
정유(E.O)	레몬	20drops
	로즈마리	10drops
	페퍼민트	5drops
	주니퍼	5drops
무수알코올		4g
플로럴 워터	로즈마리 워터 1g	1g

리프레쉬

재료		비율(%)
가용화제(솔루빌라이저)		2g
정유(E.O)	페퍼민트	20drops
	오렌지	12drops
	라벤더	5drops
	파인	3drops
무수알코올		4g
플로럴 워터	전나무 워터 1g	1g

참고문헌

향료와 향수 마스터, 북앤미디어 디엔터, 2021, 김민준 외

화장품학, 구민사, 2023, 이지안 외

아로마테라피, 빅애플, 2022, 김수경 외

맞춤형화장품조제관리사, 시대고시기획, 양일훈 외